一流の人ほど理系の雑談が上手い！

会話がはずむ教養知識

白鳥 敬

新紀元社

一流の人ほど理系の雑談が上手い！　目次

序章　ひと味ちがう雑談で知性と個性をアピールする

1章　まずは身近なモノから話題に取りあげなさい

2章 誰もが「ハテ？」となる疑問を投げ掛けなさい

3章 地球環境のトピックスは誰もが無視できない

6章 壮大な宇宙の謎から夢とロマンを語りなさい

装丁◉クリエイティブ・コンセプト
図解イラスト◉谷崎圭
図版作成◉AKIBA
企画編集◉夢の設計社

序章 ひと味ちがう雑談で知性と個性をアピールする

理系と文系の複眼思考で語れる人はより知的でスマートな印象を与えられる！
興味あるテーマから得意分野をつくって、ビジネスシーンでサラリと語れば、一目置かれること必定！

理系と文系の考え方の違い

世の中には、理系人間と文系人間がいるとよくいわれる。理系と文系が議論していると、話が嚙み合わないことがある。

いったい、理系と文系はどこが違うのだろうか。一言でいえば、理系は論理的・実証的、文系は情緒的・芸術的ということになるだろうか。理論的整合性がとれていて、客観性の高いものを理系は好み、文系は、自分の主観と感性を重視する。

どちらが優れているかは比較できないが、自然界を理解しようというとき、文系には理解の限界があるのではないだろうか。

例えば、量子力学。電子などのミクロの粒子では、位置と運動量を同時に確定することはできないというものだ。電子は粒子であると同時に波でもある。だから、原子核の周りのどこにあるかは確率でしか表せない。

量子の世界は、我々が日常的に暮らしている空間とはあまりにもかけ離れた世界なので、理解がなかなか及ばないのはわかるが、とりあえず数式で納得するのが理系。なぜなら、数式以上に合理的・理論的に説明できる手段はないからだ。

しかし、文系は量子の曖昧模糊（あいまいもこ）とした世界から、想像力を膨らませる。それはいいのだが、時としてオカルト的なことを連想したりしてしまう。

文系は、論理よりもイマジネーションを、数式よりも言葉を信じる傾向がある。もちろん、これは、ぼくの主観的な見解にすぎない。そうではないというご意見もあるだろう。

だがともかく、自然界の物事を理解するには、理系的発想のほうが優れているのは間違いないだろう。その一方で、人間関係、人間心理、政治・経済などは、文系の得意分野だ。経済学がいくら数学を多用するといっても、しょせん、元になっているデータは、人間がつくり出したものだし、人間の判断が大きな変数となるから、数理経済学などは、一見科学的に見えても科学ではないと思う。

その証拠に、経済学者の経済予測なんて当たったことがない。筆者の主観ではあるが、経済は、社会を構成する人々の心理が大きく作用するから、計算どおりにはいかないのだろう。

しかし、社会全体のおおまかな流れを「直観的」に予測できるのは、優れた文系の発想法の持ち主であると思う。逆に理系は、論理に頼りすぎるため、数学的に究極の地点までたどり着くが、そこから先はお手上げになる。

理系の限界、という意味でいえば、物理学の「特異点」がある。ブラックホールの特異点に達すると、それから先は、現代の物理法則では理解できない。

量子力学も、プランクの長さという10のマイナス35乗メートルという極微の世界より小さなところはわからない。

理系の雑談力とは何か?

理系も文系も一長一短はあるが、前述したように規則的な事柄、法則がある事柄を理解するには、理系のほうが向いている。論理的な思考と話し方は、人を納得させるのに十分な説得力をもつ。

例えば、商品の売り上げ予測なども、複数の要素をもつ商品の場合、各要素を関数として微分方程式を立てることで、各要素の違いと、売り上げの関係を論理的に予想できる。

例えば、インスタントラーメンを売るとする。麺の太さ、硬さ、スープの濃さ、塩味か醤油味かトンコツ味か、季節はどうか、パッケージデザインはどうか、こういった複数の要素を関数として計算すると、最も売り上げを伸ばせる組み合わせを見いだすことができ、季節の推移に合わせた売り上げ予想を立てることができる。

理系の思考が身についている人は、このような発想が自然とできる。

文系の場合は、営業経験の長い人はカンで、売れるコツを知っているかもしれない。しかし、カンというものは、ほかの人には伝えにくい。

本書のタイトルは『一流の人ほど理系の雑談が上手い！』であるが、これは、理系の話題をもっと雑談に取り入れてほしいという願いを込めたタイトルだ。

職場や取引先の人と、お昼休みや商談のさいに、よく雑談をすると思う。そんなとき、話題になるのは、新聞・テレビで報道される、芸能人や政治家の言動や大事故・事件などの話題が多いのではないだろうか。

雑談のネタとしては、その手のテーマが定番だが、そこに科学の話題を入れてみたらどうだろうか。

例えば、アメリカのＬＩＧＯという重力波望遠鏡が重力波をとらえたというニュースがあった。こんなとき、重力波の意味や重力波望遠鏡のしくみについてざっくりと語ることができたら、かっこいい。みんなにも一目（いちもく）置かれるだろう。

日本では、残念ながら、多くの人が科学に疎（うと）い。科学の知識の少ない人が多いのである。なぜか。

ひとつは教育の問題があると思う。まず、小学校では、担任がほぼすべての教科を教えるため、理科や科学にとくに詳しいという先生が少なくなりがちだ。理科や科学は、小学校の段階から、専門の先生が授業を行なったほうがいいと思う。

また、小学校の教員には文系の学部の出身者が多いことも、残念ながら科学教育が深まらない原因のひとつと思う。とはいっても、決して差別的にいってるわけではない。小学校の先生に聞くと、かなりの人が理科が苦手だと答える。やはり、理科専門の先生が必要なのではないだろうか。

理科や科学が好きになるきっかけというのは、いい先生に出会えるかどうかということが大きい。いい先生とは、理科の面白さを、熱意をもって教える先生のことだ。先生の熱意は必ず生徒に伝わる。

もうひとつ、〝科学は苦手〟という意識が生まれる原因は、社会の風潮にあると思う。

理系の人間はひたすら数式を解いたり、実験室にとじこもって実験をしているというイメージが、テレビなどを通じてつくられてきたように思える。どこか「オタク」っぽかったり、コミユニケーション力が低そうな印象をもっている人が多いのではないだろうか。多くの科学者・技術者に取材してきた、サイエンスライターの筆者から見ると、理系の人間がオタクっぽいとか、〝コミュ力〟に劣るということはまったくない。

あえていうなら、実験や観測を精密にやろうという姿勢や、理屈でしゃべる態度が、文系人間から見ると、いささかの堅苦しい印象があるのかもしれない。

翻（ひるがえ）って文系人間はどうかというと、コミュ力があって社交的な印象もあるかもしれない。しかし、理系と文系の違いがあったとしても、物事を複眼的な捉え方ができたほうが、人間的にも発想力も、そしてコミュニケーション能力もふくらみ、厚みが出てくるはずだ。仕事に対する姿勢も、まず、実験や観測をきちんと行なう。文系のことがらであれば、リサーチをしっかり行なう。こういう姿勢こそが大切であって、理系のセンスがあれば、自然とそのような態度が身についていくのだ。

コミュ力などといちいちいう必要はない。これからの社会人に必要なのは、理系の雑談力ではないだろうか。

どんなときに役立つのか？

理系の知識と思考法はいろいろなシーンで役立つ。そのひとつを挙げてみよう。

例えば、科学技術に関係する事件があったとする。仮に、航空事故としよう。ある空港で着陸に失敗した飛行機が炎上し、多数の犠牲者が出たとする。

このとき、テレビや新聞は、この事故のニュースを報道する。しかし、報道されるのは、火災の程度や負傷者のようすや消防・警察の対応が中心であることが多い。

これはこれで重要な事項であるが、理系的発想からすると、機種名、損傷箇所、進入方式、天候、機長の飛行時間と航空経歴、搭載燃料量、航空管制の内容などの事実に関する情報も詳しく知りたい。

こういう情報が手に入り、あとはある程度の専門知識があれば、事故の概要とおおざっぱな事故原因を類推することができる。これができるのが理系人間だと思う。

しかし、マスメディアの人たちは、テレビも新聞も圧倒的に文系の人たちが多い。記者の人たちに、航空に関する技術的な知識が足りないことが原因で、一面的な報道を目にすることもある。

搭乗者の人数や男女別、搭乗者の家族へのインタビューなどは欠かせない要素ではあるが、事故の本質とは別次元の問題である。

このように、理系の知識とセンスは、まず記者に求められるものではある。しかし、日々、ネタを追い続けている記者に、あらゆる分野の専門知識をもてというのは無理な注文だ。

では、どうすればいいか。ニュースを受け取る我々の理系のリテラシーを上げておけばいいのである。理系のセンスを磨くことで、ニュースがより深く理解できるのだ。

なぜ理系は〝かっこいい〟のか？

先ほど、理系はオタクっぽいとかコミュ力が低いという風潮に問題があったと書いた。繰り返すが理系に対するこうした印象は、つくられたイメージであって実際の理系の姿とは違う。

考えてみるといい。ノーベル生理学・医学賞、物理学賞、化学賞を受賞した日本人は、アメリカ国籍をとった、南部（なんぶ）陽一郎氏、中村修二氏を含めて22名いる。どの先生も、クールでかっこいい。

自然界の真理の解明にチャレンジしたり、革新的な医薬品を創生する知見を見いだしたりと、どれもワクワクするような素晴らしい人たちだ。

最近の受賞者では、物理学賞の小柴昌俊氏、小林誠氏、益川（ますかわ）敏英氏、そして南部陽一郎氏は、ニュートリノや素粒子の研究によって、物質の根源にチャレンジした。宇宙にはなぜ物質があるのか、宇宙はどうして生まれたのか、という疑問に、一歩も二歩も迫った。

化学賞の野依良治（のよりりょうじ）氏や下村脩（しもむらおさむ）氏は、役に立つ化学物質をつくり出した。

生理学・医学賞の山中伸弥氏は、さまざまな細胞に成長して難病も治療できる可能性をもつ

iPS細胞の作製に成功した。テレビの出演で見せるさわやかな弁舌も印象的だ。

こういう人たちをかっこいいと思わない人はいないだろう。

ノーベル賞までいかなくてもいい。科学者や技術者には飄々(ひょうひょう)としたかっこいい人たちが多い。例えば、アメリカの物理学者、リチャード・P・ファインマン（1918〜88）。彼の著書『ご冗談でしょう、ファインマンさん』は、軽妙な語り口で綴(つづ)られた物理読み物の最高峰だ。理系人間なら、多くの人が読んだはずだ。

情報技術の分野では、情報理論の基礎を築いた、クロード・シャノン（1916〜2001）、マウスを発明したダグラス・エンゲルバート（1925〜2013）、そしてマックの発明者であるアップル社のスティーブ・ジョブズ（1955〜2011）。

彼らほどかっこいい人たちはいない。理系は、イノベーションをつくり出す。これまでなかったものをつくり出すのが理系なのだ。

私が文系でありながら理系の仕事をしている理由

ここで、筆者である自分のことを少し語ろう。私は、文学部日本文学科の出身である。正規の科学教育は受けていない。しかし、科学が好きだ。

小さな頃から科学が好きだった。とくに宇宙が好きであった。これは、気象台に勤務していた父の影響だったのだろう。小学5年生のときに、父からもらった岩波新書『宇宙と星』（畑中武夫著）を夢中になって何度も読んだ。その本は、当時の最新の宇宙科学についてわかりやすく解説してある本で、小学5年生には難しい部分もあったように記憶しているが、何度も読むことで本の内容はほとんど覚えた。

当時は、初めてビッグバン宇宙論（火の玉宇宙）をとなえたジョージ・ガモフが注目されていた頃で、白揚社から出ていたガモフの翻訳本を何冊も読んだ。さすがにこちらは、小学生の頭では何度読んでも理解できなかった。

そんな父の影響もあって、将来は天文学を勉強してみたいと考えていたのであるが、高校に入ってから、ちょっと気分が変わった。なぜか知らないが、文学に非常に興味をもってしまったのだ。といっても、やはり、よく読んだのはSF（サイエンスフィクション）だった。

とくに、時間の空間のかなたを扱ったもの、とりわけ、遠くの宇宙の人知を超えたような世界が好きだった。例えば、ジェイムズ・ブリッシュ（1921～75）の『時の凱歌（がいか）』など。ブリッシュは、アメリカのSFテレビドラマ『スタートレック（宇宙大作戦）』のノベライゼーションも手がけているが、『スタートレック』には、私も大きな影響を受けた。

このように、高校時代に、いったん科学を離れたのだが、大学を卒業して社会に出て、編集者になり、自然と科学技術に関する仕事が多くなっていった。ちょうどパソコンが登場し始めた頃で、当時は高価だったアップルⅡなどを買い込んでは遊び始めた。

宇宙とSF、そして情報技術に影響を受け、科学技術関係の原稿を書く仕事をすることになった。

大学で正規の科学教育を受けた方に対してはちょっとばかりコンプレックスがあるのだが、なんとか、科学と文学、理系と文系をつなぐ仕事ができれば、と模索（もさく）している次第である。

文系出身で科学を仕事としている自分から見ると、科学者は憧れの職業であったから、科学者はどの人も、非常にかっこよく見える。

「あ〜、ぼくも、高校時代、小説など読んでいないで、一生懸命、受験勉強をしておけば、科学者になれたかもなあ」と何度も思ったものだが、後の祭りだ。

「理系が苦手」を克服するには？

理系の分野に苦手意識をもっている人も多いだろう。しかし、そんなに難しいわけではない。まず苦手という先入観をなくすことが大切だ。

理系が苦手といういちばんの理由に、数学がよくわからない、ということがあると思う。

しかし、現実の社会では難しい数学が求められることはない。どうしても必要になるのは物理学くらいだ。

医師になるには、頭脳が優秀でなくてはいけないが、数学はほとんど必要としない。日本の教育は数学を重視しすぎているし、高校で学ぶ受験数学も特殊すぎる。もっと使える数学を教えるべきだと思う。

例えば、株取引をするとき、どんな公式を使えば、高速取引に勝利し、大金を稼げるかという計算を教えたほうがよっぽどやる気が出るだろう。

問題を解くのに、ほとんどの人が気がつかないような「補助線を引けば解ける」といった受験数学なんか、数学教師の「悪」趣味の世界だ、と思う。

数学の面白さはパズルを解くことではない。ひらめきの勝負でもない。何かの役に立てるためにあるのが数学だ。

「理系が苦手」を克服するには、まず数学嫌いというアレルギーを克服することではないだろうか。

数学は、不思議な学問で、どんなに数学が得意な人でも、しだいに高度な数学を学んでいくうちに、どこかで、「もうわからない」という壁にぶち当たる。どこでぶちあたるかは人によって違う。数学の天才アインシュタインだって、途中で高等数学がわからなくなって、その分野に詳しい数学者に教えを請うたという。

数学のエッセンス、面白さの核心みたいなものを理解できれば十分だと思う。これは、文系のセンスだ。

理系の雑談力を身につけてスマートに仕事をこなす

というわけで、これからの社会で求められている能力こそ「理系の雑談力」ではないだろうか。世の中は、グローバル化とともに、ますます複雑化しており、社会学者も経済学者も、全体像をうまく説明できなくなってきている。従来の理論を適用しようとすると破綻してしまうのだろう。

大量の情報が互いに影響し合って変化している現代社会は、もはや〝文系脳〟だけでは理解できないだろう。無理に理解しようとすると、一面しか見ない偏(かたよ)った理論になる。

いまこそ、理系の「雑談力」を身につけて、クールにかっこよく、仕事も生活もこなしていこうではないか。

1章
まずは身近なモノから話題に取りあげなさい

日用品や家電、乗り物には、
高度な先端技術が取り入れられている。
そんな日常の話題から雑談がはずめば、
たちまち打ち解けて空気が温まり、
ビジネスも次のステップに進めるはず！

無人宅配に無人警備…ドローンは私たちの生活をどう変えるか？

ドローンがにわかに脚光をあびてきた。アマゾンが2013年に打ち出したドローンによる無人宅配の構想は世界を驚かせ、16年12月には、イギリスでドローン宅配の実用化試験が実施された。それまで、無線操縦の玩具の飛行機程度に思われていたものを、ビジネスに活用するとは、新鮮な驚きだった。

ドローンというと、米軍のプレデターのような偵察機や攻撃機として使われる実機に近いものから、プロペラを4個から12個以上ももつ玩具に近いものまで、幅広く無人機全般を指す場合もある。狭義には、複数のプロペラをもった小型のものをドローンという。

では、ドローンはどのようにして登場したのか？　ほんの数年前まで空を飛ぶ玩具というと、無線操縦の飛行機かヘリコプターを指したのだが……。

実は、ドローンの技術はスマートフォンによって培われたといっていい。

スマートフォンの普及によって、スマートフォンに必ずといっていいほど内蔵されている姿

ドローンによる宅配のイメージ

chesky／PIXTA

勢を検知するジャイロセンサー、位置を知るGPS、加速度センサーなどの小型化・コスト低下が進んだ。

ドローンとの通信もスマホに搭載されているWi-FiやBluetoothを活用できる。飛行コースを設定するのも動画を転送させるのもスマホアプリだ。

このように、ドローンはスマホ技術を利用することで進化した。スマホとは切っても切れない関係にあり、スマホがなければ登場できなかったといってもいいだろう。翼も舵もついていないのに安定して飛べるのは、小型ジャイロセンサーとソフトウェア制御のおかげである。

ドローンが注目されるのは、宅配だけではない。警備保障会社は、工場や商業施設の構内に侵入してくる不審者の捜索と排除に実用化している。また、古くなった橋桁（はしげた）の裏側など人が入ってチェックしにくい場所の非破壊検査などにも用いている。

もっと面白い活用も研究されている。フランスのパロット社は、複数のドローンを無線で通信させ合って、空中でダンスをしたり（167ページでも解説）、従来の小型無線操縦飛行機ではできないような飛行を実現している。活用法はまさにアイデア次第。基本技術がスマホだからこその芸当だ。ただ、墜落すると、下にいる人や物件に大きな損害を与えるので、規則の整備も進んでいる。日本でも、ドローンを安全に飛行させるため、航空法が改正され、２０１５年12月10日から施行された。

ドローンのもつポテンシャル（潜在力）は大きい。規制も必要だが、ドローンを活用しやすくする努力も必要だろう。

お掃除ロボ「ルンバ」は、効率の良い移動ルートをどう計算しているのか？

自動的に部屋の掃除をしてくれる「お掃除ロボット」が人気だ。なかでも、米アイロボット社の「ルンバ」が有名だ。日本のメーカーも追随（ついずい）している。お掃除ロボットは、まるで部屋のなかを知りつくしているかのごとく、賢く健気（けなげ）に働いてくれる。

しかし、このお掃除ロボットは、我々が思っている以上に賢いのだ。部屋を掃除するときのことを考えてみよう。床に落ちているゴミやチリをできる限り吸い取ることが目的だが、何度もいったりきたりするのは時間の無駄である。バッテリーを浪費してしまう。

また、部屋には机や椅子などいろいろな家具が置いてあるから、それらをうまく避けて動かなければならない。しかも、家具の配置は部屋ごとに違う。お掃除ロボットに必要なのは、障害物を探知する能力と走行ルートの最適化だ。

障害物を探知するのはセンサーであり、ルート最適化はAI（人工知能）の仕事である。実はこの能力は、基本的に自動車の自動運転と同じ高度な技術だ。周囲の障害物を素早く探知し、何であるかを認識し、避けたり、一定の距離を保って動かねばならない。

では、具体的にどのように行なっているのか？　メーカーの違いや製品のグレードにもよるが、お掃除ロボットには、レーザーセンサー、赤外線センサー、光学センサー、接触センサー、加速度センサー、ジャイロセンサーなどが搭載されている。

これらのセンサーを駆使して、まず部屋の配置図をつくる。そのためには、どこにテーブルがあり、どこにソファがあり、壁はどこにあり、どんな形状をしているかを把握する必要がある。

この作業を「マッピング」（地図化）という。これを行なっているのが、ＳＬＡＭ（Simultaneous Localization and Mapping）というシステムだ。

これにより、マッピングとローカライゼーション（個別化）を同時に行なう。また、センサーから送られてきた情報は、ＡＩによって処理され、マッピングのデータを参照して、最適な走行コースを判断する。

お掃除ロボットは、まさに、災害救助や地雷探査などのプロ向けのものと基本的に同じ機能をもっているのだ。違いは、コンシューマー向け製品なので、低価格になるようつくらねばならないこと。

では、具体的にどのようにしてマッピングし行動しているのか。壁までの距離は、赤外線やレーザー光の反射時間から測距（そくきょ）している。ロボット本体から赤外線やレーザー光を発射し、反射してくるまでの時間の差から距離を知る。レーダーの原理だ。

加速度センサーは、走行距離の補正を行ない、ジャイロセンサーは、進行方位を知るために使う。位置と向き（方位）が正確にわかれば、あとは各種センサーからの情報によって、マッピング、ローカライズを行なうことができる。

このように、お掃除ロボには、驚くほどの高度な技術が詰まっているのである。そしてこの技術は、掃除のみならず、介護やセキュリティなどにも役立つのだ。

水素燃料電池に、バイオエタノール、EV…自動車の未来はどうなる？

２０１５年1月、トヨタは自社のもつ水素を燃料とする燃料電池技術のすべての特許をオープンにすると発表し、世界に衝撃を与えた。特許を公開することで、世界のメーカーの参入を促し、この分野でリーダーシップを取るのが狙いだ。

トヨタが社運をかけて水素技術に力を入れるのはなぜか？　それは、水素が燃料電池だけでなく次世代のさまざまなエネルギーの主役になれる可能性があるからだ。水素社会の実現は国を挙げての国策という面もある。

水素は宇宙に最も多く存在する元素だ。地球にもたくさんある。その代表が水である。水は水素と酸素が結合したもので、地球には無尽蔵に存在する。しかも、電気分解のような簡単な方法で水素を取り出すことができる。

ただ、課題はコスト。大量の水素を低コストで調達するのはまだまだ厳しい。現在、水素は工場など副産物として製造されているので、それを活用しようという考えもある。しかし最大の課題は、水素インフラだ。現在のガソリンスタンドのように全国に張り巡らすには膨大なコストと時間がかかる。2016年6月現在、全国の水素ステーションの数は100か所以下だ。これではまだまだ水素燃料電池車は普及しない。価格もまだ高い。トヨタの水素燃料電池車ミライは補助金を入れても500万円台である。

しかし、水素燃料電池車に未来がないわけではない。最大のメリットはCO_2をまったく出さないこと。走っても水しか出さない。

将来の自動車として、水素燃料電池車のほか、トウモロコシなどを原料として製造したバイオエタノール（アルコール）バッテリーで動くものや、電気自動車（EV）などがある。前者は食物を原料とするので環境破壊につながるという批判もある。

電気自動車（EV）はCO_2を出さず、AI（人工知能）による自動運転やネットワーク化と相性がいいという大きなメリットがあるが、最大の課題はバッテリー。1回の給油で700キロメートルも走れるガソリン車には、いまのところ及ばない。

未来の自動車は、まだ当分は群雄割拠の時代が続くだろうが、水素の本当の目的は車だけではない。発電や工場など、石油エネルギーに頼っているところを水素に換えれば、中東などの特定の地域に依存しなくてもよくなる。エネルギー安全保障上も水素は重要なのだ。一方で、バッテリーのブレークスルーが起これば、電気自動車が普及する。まだまだ見極めは難しい。

自動車の自動運転、その「凄さ」と「恐ろしさ」とは？

世界の自動車メーカーが、車の自動運転の実現にしのぎを削っている。ドイツのベンツ、アウディ、アメリカのフォード、GM、テスラ。そして、あのグーグルも自動運転の研究開発を精力的に進めている。日本も、もちろんだ。トヨタ・日産をはじめ各社が研究開発に取り組んでいる。

車の自動運転には、レベル1から4まで4つの段階がある。

レベル1は、安全運転を支援する段階。レベル2は、アクセル・ハンドル・ブレーキの操作のうち2つを自動で行なう段階。レベル3は、アクセル・ハンドル・ブレーキのすべてを自動で行ない、緊急時のみ人間が操作する段階、レベル4は、人間は何もせず、すべてを自動車に任せる段階だ。

現在は、まだレベル2で、レベル3をめざしている。レベル4に到達するには、まだしばらくかかる。しかし、技術的にはそう遠くない将来、実用化できるのではないかといわれている。

自動運転のレベル

レベル1……安全運転の支援	
レベル2……アクセル・ハンドル・ブレーキの操作のうち2つを自動で行なう	
レベル3……アクセル・ハンドル・ブレーキのすべてを自動で行ない、緊急時のみ人間が操作する	
レベル4……人間は何もせず、すべてを自動車に任せる	

一方で、新たなルールづくりや安全対策などソフト面の整備が必要であり、実現は当分先ではないかという意見もある。

自動運転を実現するための要素技術として、センサー技術とAI（人工知能）がある。センサーは、車の周囲すべてを見ることができる位置に取り付けなければならない。周りにいる車、人、障害物を見分け、距離を測る。それを行なうレーザー・電波・赤外線などのセンサーが必要だ。それらはどういう行動をとるかわからないので、動きを予測する技術も必要だ。

また、信号機の色や点滅、道路に描いてある白線や標識などの意味を車が明確に把握しなければならない。

これらの「知的」な作業をするのが、AIである。センサーからの情報をもとに、瞬時に解析し、障害物を避けるためにハンドルを切ったり、ブレーキを踏まなければならない。また、周囲にいる車の数が1台とは限らない。数十台の車の速度、車種、動きを瞬時に認識し、適切な操作をする。車の間に、バイクも走っているだろう。人も飛び出してくる場合がある。そのほか、強い横風、雨、雪といった気象の変化もある。

こうした大量の情報を一瞬で解析しなければならない。このとき役立つのが、AIの技術である。

とくに、AIを最大の武器として自動運転に参入しようとしているのが、ITの巨人グーグルだ。グーグルは、いきなりレベル4の完全自動運転をめざしている。

グーグルでは、ディープラーニング（深層学習）という脳神経細胞の働きにヒントを得たAIの研究が進んでいる（詳しくは158ページで解説）。

従来のハード中心の自動車メーカーは、うかうかしていられない。自動運転車の要ともいえる人工知能技術が押さえられたら、自動車産業の主導権は「シリコンバレー」に移ってしまうからだ。

保存期間が意外と短いデジタルデータの寿命を数億年にする技術とは？

コンピュータのデータは何に保存しているだろうか？　現在、記録媒体（ばいたい）の主流はハードディスクドライブだ。データサイズのあまり大きくないファイルであれば、ＵＳＢメモリーやＳＤカードがよく使用される。

しかし、ハードディスクやフラッシュメモリーには、記録が保持できる技術的限界がある。

ハードディスクは、メーカー保証は通常5年、フラッシュメモリーも、読み書き10万回程度と実用上は大きな問題はないとはいえ、寿命に限界がある。

しかし、戸籍など長く保存しておかなければならない文書や文化財のデジタル記録は、数年や数十年で消えては困る。個人の記録ですら、デジカメで撮影した子供の成長記録が、子供が大人になった頃には読めなくなってしまうのでは困るだろう。

現在は、記録媒体の寿命が切れる前に、定期的に、データを新媒体に移行するマイグレーションという方法がとられている。

しかし、これでは専門の人員が必要になり、記録を１００年以上維持できる保証もない。そこで、デジタルデータを、５００年から１０００年という長期間、保存する技術の研究が進められている。

長期間記録には、ふたつの課題がある。ひとつは、メディアそのものの耐久性の問題。ハードディスクの有効年数などがそれだ。もうひとつが、デジタル化するときの符号化方式の問題だ。例えば、動画圧縮技術は、どんどん進化しており、１００年後、１０００年後に、現在の動画符号化方式が読めるとは思えない。そこで、この難問に対して、いま世界中で研究が進められているところだ。

記録媒体というハードの部分については、いろいろ提案されている。そのひとつが、日立製作所と京都大学が共同で研究開発した石英（せきえい）ガラスに記録する方式だ。

石英はもともと石の主要成分なので、耐熱性・耐水性にすぐれ経年劣化が非常に少ない。研究グループは、強いレーザー光を石英ガラスに当て、１００層にわたって記録することに成功している。この方式は、３億年のデータ保存に耐えることができるという。３億年といえば、生物の種が何代も変わるくらいの長い時間だ。

３億年後に人類は地球上に存在しているかどうかわからないが、人類文化の記録だけは残せるかもしれない。

しかし、３億年後に石英デバイスを手にいれた生命体にとって、記録されたデータの構造を理解するには、暗号を解読するような膨大な労力がかかるかもしれない。

だとすれば、一部でもいいから、直接、絵や文字として記録しておくしかないのではないか。古代エジプトのヒエログリフも、ロゼッタストーンが発見されたからこそ解読できたのだ。目に見えるように書かれた記録は貴重だ。

じゃまなコードなしにスマホを充電する仕組みとは？

携帯電話やスマートフォンは、もはや生活や仕事に欠かせないものとなってしまった。バッテリーの持ちも、昔に比べると格段に向上しており、よほどヘビーな使い方をしない限り、一日中、外にいても困ることはない。

面倒なのは、オフィスや家に帰ってからの充電ではないだろうか。最近のスマホは、以前のふたつ折り携帯のように充電する置台のないものが多いので、充電するには、本体に充電用コードを差し込まなくてはならない。

せっかくスマートに使えるスマホをもっていても、ぐちゃぐちゃの充電ケーブルを見るとゲンナリだろう。

そこで、ワイヤレス無接点充電の技術が採用され始めている。ひとつは、パナソニックをはじめ、主な電気メーカーが共同で開発したチー（Q・i）という方式だ。無接触で充電できるが、充電台の上にスマホを置かなくてはならない。そういう意味では従来の充電台と大きな違いはない。もっと簡単に、気がつかないうちに充電できる夢のような充電方法がないものか？

それが、2016年1月、KDDIが出資を発表した、アメリカのオシア社開発のコタ（Cota）というワイヤレス充電方式である。

これは、Wi-Fiと同じ2・4GHz帯の電波を使って、送電用ステーションから数メートル離れた（最大10メートル）スマホなどのデバイスにワイヤレスで給電できる。電磁波に電力をのせて送るので充電ステーションに近づくだけで、ユーザーが意識することなく充電できる。

また、端末IDによる認証を行なって、特定のスマホだけを充電することができる。スマホからの電波の到来方向を解析し、スマホに最も強い電力を送ることができる経路を自動的に選んで給電するので、スマホをもった人が部屋を動き回っていても充電できる。

電波に電力をのせて給電する技術はすでにある。将来は、宇宙から電磁波にのせて電力を地上に送る「宇宙太陽光発電」の構想まであるくらいだ。

これから、本格的なIoT（モノのインターネット）の時代になり、あらゆるものが、インターネットにつながるようになる。そういうときにネックになるのが端末の充電だ。コードはじゃまだ。

コードから解放されることで、ようやく本格的なIoT時代が幕が開けるともいえる。

かなり正確になった機械翻訳のカギは「統計学の導入」にあり！

海外の英文サイトを見るとき、機械翻訳を使って日本語に翻訳してから読んでいる人も多いのではないだろうか。また、スマートフォンの、「グーグル翻訳」などの翻訳ツールを使って外国人と会話をしている人もいるだろう。込み入った会話はできないものの、日常会話なら、ほぼ実用の域に達しているといっていい。

しかし、機械翻訳は苦難の歴史だった。実用的なコンピュータが登場し始めた1950年代から機械翻訳の研究は始まっているが、当時のコンピュータの処理能力ではほとんど翻訳はできなかった。

しかも、品詞の解析・係り結びの解析・構文の解析など、ひとつずつ段階を踏んで解析していくルールベースの手法だったため、計算処理が膨大になっていた。

1990年代になると、言葉の出現頻度やフレーズの構造などを統計的に解析する手法が登場し、翻訳精度はかなり向上した。これを、統計的機械翻訳という。それでも、学校の試験なら30点程度だった。

翻訳精度が飛躍的に向上したのは、２０００年代になってからのことだ。インターネットが普及し、コンピュータの性能も急速に発達した。

ネット上で、グーグルやヤフーの無料翻訳サービスが登場し、英文サイトに書かれていることの概要を理解するには十分なところまできた。

ネットを通して世界中のユーザから集めた、膨大なデータを統計学的に解析すれば、最適な意味の組み合わせを効率的に選べるようになったからだ。

例えば、グーグル翻訳の翻訳精度は少しずつ向上しているが、これはサンプル数をたくさん集めることによって、よく使われる最適な翻訳文を、統計学的に選び出せるようになったからだ。グーグルはさらに翻訳精度を向上させるため、２０１6年9月にニューロコンピューティングの技術を取り入れた「Google ニューラル機械翻訳システム（ＧＮＭＴ）」を導入すると発表した。新システムでは、原文全体を解析してから各フレーズの重みづけを行なうという。この作業を行なうのがニューラルネットワークだ。

重みづけというのは、ある言葉の次には、どんな条件ではどんな言葉がくる、といったことを確率的に表しておくということだ。「これなら次はこれ」というガチガチな処理ではなく「これなら次はこれの可能性が高いね」といった感じだ。「だいたいこんな感じ」といった、ある意味いい加減な処理をすると、よい結果が出る。

さすが、脳の神経細胞を模したシステムだけのことはある！　人間なんて、もともとかなりアバウトに考えているのだからそれでいいのだろう。というわけで、人間らしいいい加減さが、いい翻訳の秘密ということである。

スマホのGPS機能を切っていても居場所がわかる最新テクノロジーとは？

スマートフォンや携帯電話にGPSが搭載されるのが当たり前の時代になっている。当初は、居場所がだれかに知られてしまうのは「怖い」「気持ち悪い」という意見も多かったが、それを上まわる利便性があるので、あまり気にしない人が多くなった。

衛星測位システムの代名詞となっているGPSだが、これはアメリカのシステムの名称であって、現在は、ほかにも、ロシアのグロナス、中国の北斗、ヨーロッパが構築中のガリレオなどの衛星測位システムがある。日本も、準天頂衛星システムという衛星測位システムの構築が進行中だ。

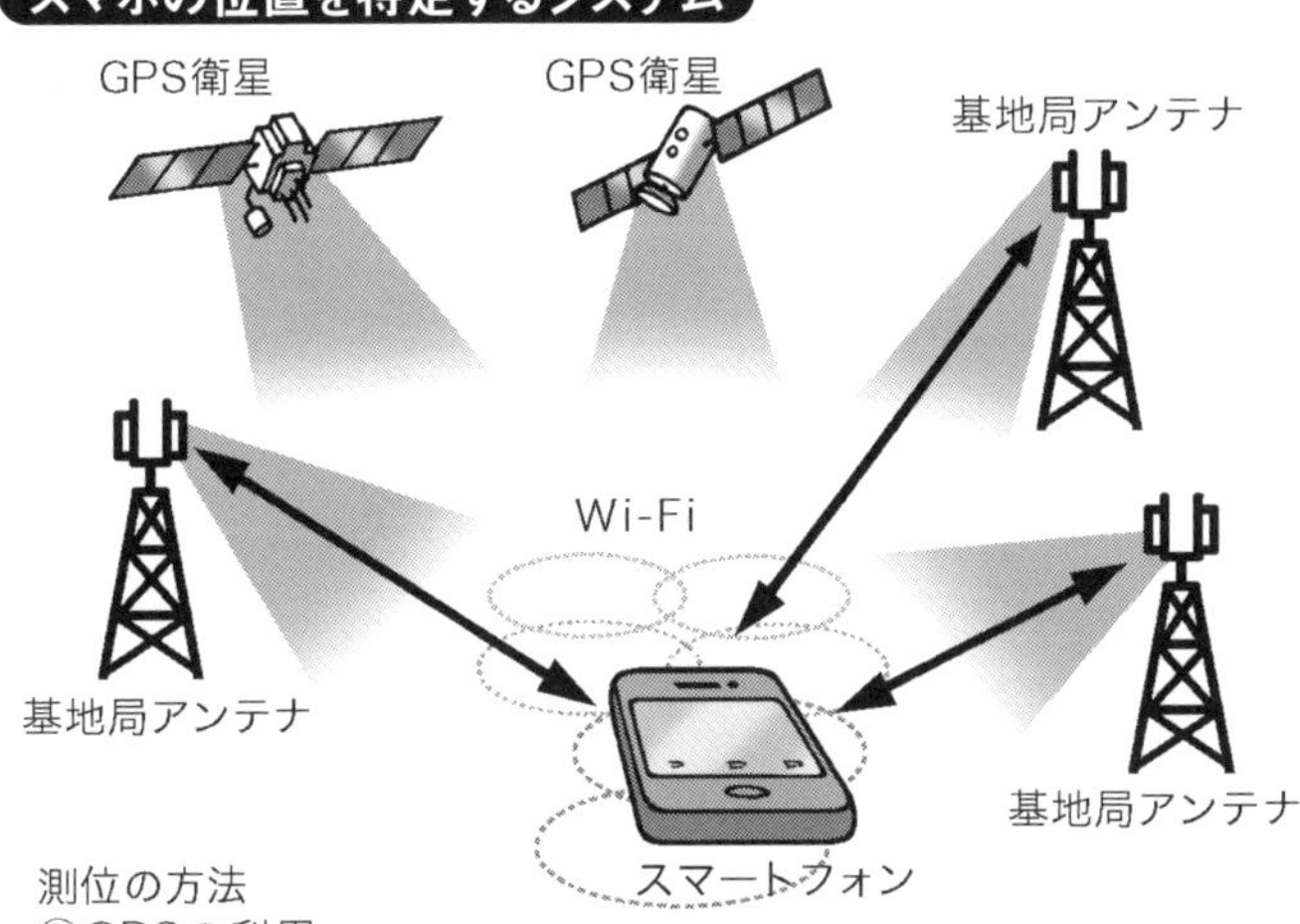

　このように、各国が衛星測位システムをもつようになったので、総称としてＧＮＳＳと呼ぶようになっている。Global Navigation Satellite System（全球測位衛星システム）の略だ。各国のシステムは、異なる衛星システム、異なる信号方式を使っているので互換性はないが、測位の原理は同じだ。原子時計で同期した精密な時刻に基づいて送られる3個以上の衛星からの信号を受信し、三角測量の原理で地球上の端末の位置を測位する。

　ただし、実際は、スマホが行なっている測位は、ＧＮＳＳだけを使っているわけではない。Ｗｉ–Ｆｉの機能も使っている。

　Ｗｉ–Ｆｉのアクセスポイントは、あらゆるところに膨大な数が存在している。アクセスポイントとは、スマホや携帯電話が接続している、無線ＬＡＮルータのことだ。いまは、たいていの家庭に無線ＬＡＮルータがあるし、外に出ても、飲食店や駅などに、無料のＷｉ－Ｆｉアクセスポイントがたくさんある。ここから、アクセスポイントごとに異なるＩＤ（ＳＳＩＤという識別符号）と、無線ＬＡＮルータ固有のＩＤ（ＭＡＣアドレス）をのせた電波が出ている。

この電波は、だれでも受信できるから、世界中の無線ＬＡＮルータ（アクセスポイント）のデータベースをつくれば、複数のアクセスポイントの電波強度から、だいたいの位置がわかる。ＧＰＳを内蔵していないタブレット端末でも、地図アプリで現在位置が正確にわかるのも、この機能のおかげだ。

では、どのようにして、日本中のＷｉ－Ｆｉアクセスポイントの情報を集めているのだろうか。Ｗｉ－Ｆｉの電波を受信できるパソコンをのせた車を走らせて、アクセスポイントからの電波を受信し、ＩＤや電波強度などを自動収集し、ただちにネットでサーバーに送り、解析してデータベース化しているのだ。

２０１０年には、Ｗｉ－Ｆｉ情報を収集中のグーグルの車が、ＩＤだけなく、通信内容まで収集しているとして、ドイツで問題になった。

このほか、スマホや携帯電話では、複数の基地局からの電波強度の違いを基にして端末の位置特定が行なわれている。これは、着信があったときに、端末のある場所に近い基地局から呼び出すためだ。

ちなみに、スマホの電源を切っていても安心できない。遠隔操作でスマホを操作できるマルウェア（ハッキングツール）のあることを、元ＮＳＡ（米国安全保障局）職員、エドワード・スノーデンが暴露している。

どうしても、居場所を知られたくないなら、スマホのバッテリーを抜くしかない。ところが、最近のスマホは、バッテリー交換ができない機種が多いのだ。通信会社は、どうしても位置情報だけは抜きたいということだろうか。

「スマートグリッド」のいったいどこがスマートなのか？

２０１１年3月11日の東日本大震災により、東京電力福島第一原子力発電所が深刻なダメージを受けた。これを契機として、電力エネルギーのあり方が、さまざまな方面から議論されている。

そのひとつがスマートグリッドだ。発災以前からスマートグリッドは知られていたが、いまだにどういうものなのか、その姿が見えてこないのも事実だ。

電力事業者が地域1社独占状態から、自由化へ移行しつつある時期であり、そのほかさまざまな事情から、なかなか一気に踏み切れないのだろう。

そこで、ここではそういった「大人の事情」を無視して、純粋に技術的な観点からスマートグリッドを見てみよう。

スマートグリッドの「スマート(smart)」とは、英語で「賢い」「情報処理能力が高い」といった意味で、電力網の高度情報化をめざしたものである。では、いったいどの程度賢いのか?

スマートグリッドには、ふたつの段階がある。ひとつは、各需要家の電気の入り口にある電気メーターを、スマートメーターと呼ばれるインテリジェンスなタイプに替える段階。もうひとつは、電力網にネットワーク機能をもたせて、需要と供給に応じてフレキシブルに電力の流れを変えることができるようにする段階だ。

スマートメーターとは、主に無線機能を利用して契約先の電力会社と結ばれていて、検針を自動化したり、家庭のパソコンで電気の使用状況を知ることができる。そのため、電力会社にとっては、検針にかかるコストを削減でき、消費者にとっては節電しやすくなるというメリットがある。ただ、普及はいまひとつ予定どおりには進んでいない。

実は、第1段階のスマートグリッドでは、消費者にとってさほどの魅力はない。スマートグ

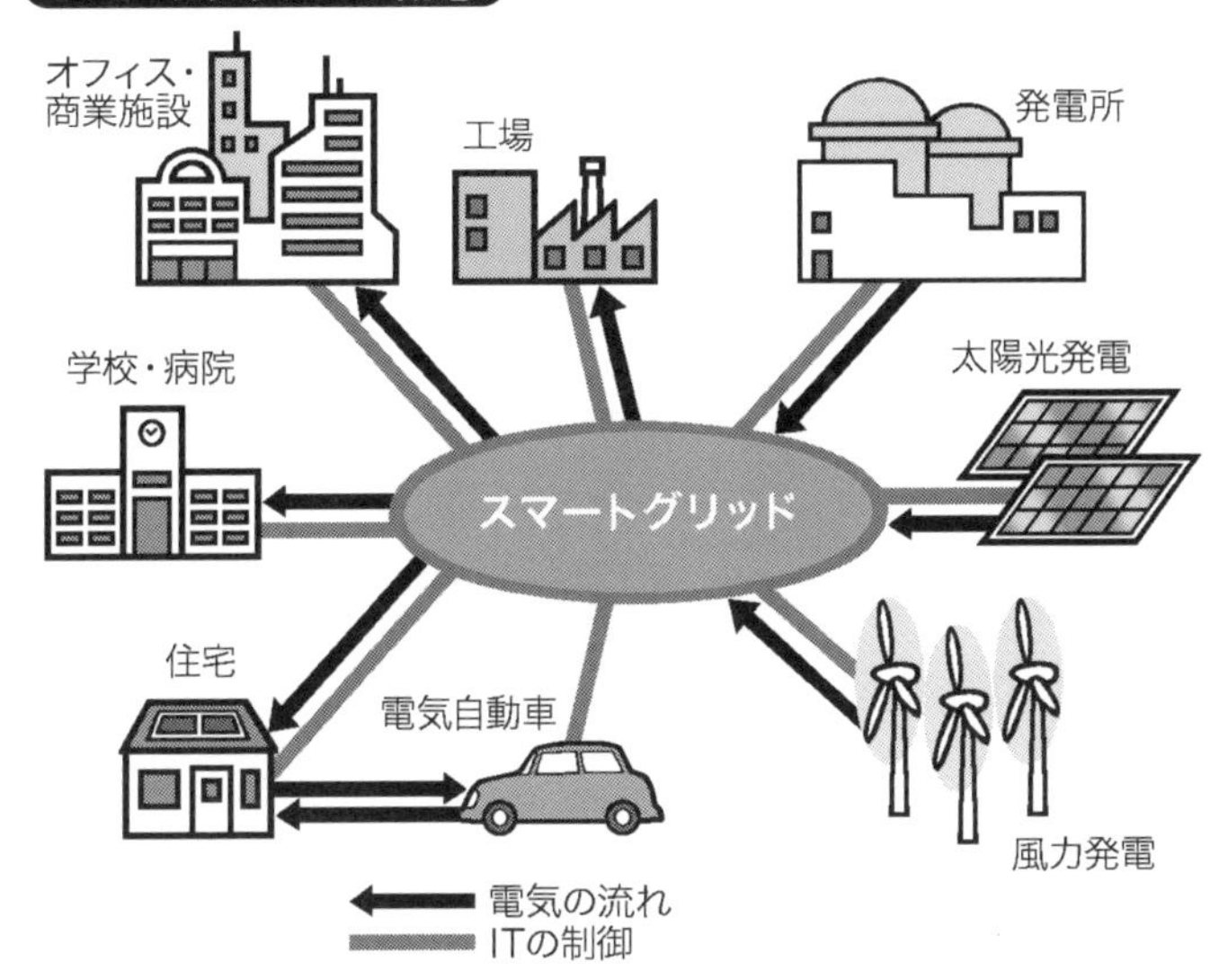

リッドの本命は、ふたつ目のスマートグリッドである。

電力網と、インターネットや専用線によるネットワークを結合させて、電力網を無駄なくフレキシブルに制御する。

さらに家庭に設置した、HEMS（ホーム・エネルギー・マネジメント・システム）によって、電力を無駄なく効率的に使うことができるようにするものだ。

例えば、真夏の午後、電力使用量がピークに近づき始めたら、家庭内の不要な電気製品の電力使用量を抑える、災害発生時には必要とされる場所に集中して電力を送るなどということができる。

さらに、駐車場の電気自動車のバッテリーを電力網に接続して、インバータで交流に変換し、緊急時はそれを利用するとか、発電量の不安定な自然エネルギーを、逆潮流（電力網に電力があふれて、電圧や周波数に異常が発生すること）が起こらないように最適に制御することもできる。

このような、本当にインテリジェンスなスマートグリッドが実現すると、生活はずっと豊かになり、工場などでは電力コストが浮く。

文字通り丸裸に！テロを防ぐためのボディスキャナーの凄さとは？

世界各地でテロが続発している。人の移動が全地球レベルになっているので、そのうち、日本も対象になるかもしれない。テロ対策で有効とされる方法のひとつが、水際でテロリストをシャットアウトする方法だ。その玄関口が空港である。テロリスト対策として、世界の国際空港で導入が進められているのが、ボディスキャナーである。日本でも、国際線が運航している大空港で導入が進められている。

ボディスキャナーは、ミリ波帯の電磁波を使って人体をスキャンする。最近の自動車に搭載されている、衝突防止用レーダーと同様のものだ。

ミリ波というのは、波長がミリメートル台の短い波長の電磁波（30～100GHz）だ。ボディスキャナーは、76ギガヘルツ（GHz）帯の電波を使用しているので、波長は約4ミリメートル。これを人に向けて発射し、反射波によって人体表面の輪郭像を得る。微弱な出力で数秒間当てるだけなので、健康に対する影響はまずない。

問題は、すべてが見えてしまうことだ。衣服の下に隠れている銃やナイフなどの武器、液体・ゲル・粉末・プラスチックなどが検知できるので、プラスチック爆弾や液体爆弾なども見つけることができる。

これだけなら、問題はないのだが、同時に体の細かな輪郭や凹凸がすべて見えてしまうところが問題だ。試験運用で批判が相次いだため、現在は人体をイラストに置き換えて、そのうえに、見つかった不審物が表示されるようになっている。また、チェックの終わったデータは速やかに削除されるという。

国土交通省は、平成27年10月～12月に、関西空港、成田空港、羽田空港において、ボディスキャナーの評価試験を行なった。米国メーカー製2機種、ドイツ製2社2機種を試験運用してみたところ、係員が体に触れて行なう検査と比較して、一人あたり約10秒、検査時間が短縮されたという。この時点では、検査員も旅客もボディスキャナーに慣れていなかったので多少余計に時間がかかったが、本格的に運用が開始されれば、さらに検査時間が短縮されるという。ボディスキャナーがあれば、セキュリティは格段に高まる。

とはいっても、犯罪者はあとからあとから新しい方法を考え出すだろうから、イタチごっこになりそうな予感もするが……。

旅客機「B787」の窓が色の濃さを変えてカーテン代わりにする秘密とは？

ボーイング社の最新鋭旅客機787ドリームライナーに乗ったことのある人も多いだろう。機体の50パーセント以上に炭素繊維強化プラスチックを採用している。この結果、機体は軽く丈夫になり、燃費がよくなった。また電力を積極的に利用するなど、これまでの旅客機の常識を覆す(くつがえす)ような新世代の飛行機だ。

例えば窓の「電子カーテン」がある。これまでの旅客機は、窓の内側にブラインドのような覆い(おおい)がついていて、これを引き下げて窓からの明かりが入らないようにしていた。ところがB787はどこにもブラインドがついておらず、窓の下方についているスイッチによって明暗を変える。まるで、色の変わるサングラスのような感じだ。これはいったいどういう仕組みになっているのか？

種明かしをすると、Ｂ７８７の窓は、電流を流すと透明度が変わるエレクトロクロミズムという技術を使っている。

透明なシートでできた２枚の透明電極（液晶パネルなどで広く使われている技術）の間に、ジエル状（ゼリー状に固化したもの）のエレクトロクロミック材料を挟んだ構造になっている。エレクトロクロミック材料というのは、酸化と還元（かんげん）の作用を双方向に行なうことができる高分子材料のことだ。

エレクトロクロミズムの原理

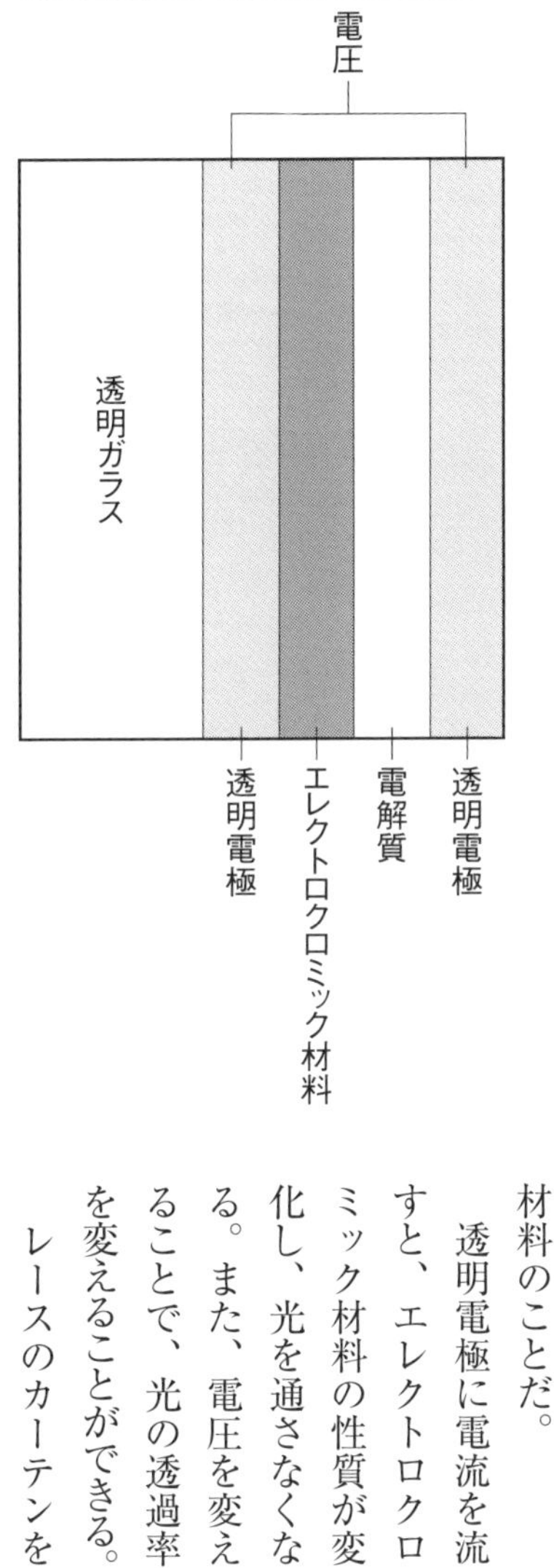

透明電極に電流を流すと、エレクトロクロミック材料の性質が変化し、光を通さなくなる。また、電圧を変えることで、光の透過率を変えることができる。

レースのカーテンを

かけたり、遮光カーテンをかけたりするような感じで使えるので、電子カーテンともいわれている。

エレクトロクロミズム自体、まだ実用化されている事例は少なく、Ｂ７８７が最初の実用例のひとつといえる。開発したのは、ＧＥＮＴＥＸ社というアメリカの企業だ。

では、電子カーテンにどんなメリットがあるのか。まず、余計なシェードがないので、飛行機の重量を減らすことができる。軽くなれば、燃費もよくなる。また、機内ネットワークを通して、クルー（ＣＡやパイロット）が明るさを変えることもできる。

例えば、機体右側から強い西日が差しているときに、右側の窓のみ暗めにするといったことができる。これによって、快適性が増すとともに空調の効率を上げることができる。

飛行機の窓のほか、エレクトロクロミズムは、さまざまな分野に応用が始まりつつあるところだ。例えば、物質・材料研究機構（ＮＩＭＳ）は、エレクトロクロミズムを利用して、切り刻んでも表示し続けることができるユニークなディスプレイの開発を行なっている。

食品ラップのような薄いシートでできたディスプレイに文字などを表示させ、そのシートを好きな形に切り刻んでも、文字が表示され続けるというものだ。

いまのところ、動画を映せるわけではないが、デジタルサイネージ（電子看板）や、壁紙のデザインなどに使えるとして注目されている。

バーチャルリアリティーで いつでも世界の観光名所で デートできるようになる!

２０１６年７月、スマートフォン向けに『ポケモンＧＯ』というゲームが登場し話題になった。実際の場所がスマホの画面に再現され、そこでポケットモンスターに出会って捕まえ、モンスターの図鑑をつくるというゲームだ。

街のあちこちに、ポケモンが現れる場所が設定されているので、そういう場所には、人が集まり、スマホの画面を眺めながらうろうろという光景があちらこちらで見られた。

このゲームが話題になったのは、もともと、ポケットモンスターという任天堂のゲームが大人気だったということもあるが、これをバーチャル空間に再現したところが大きなポイントだろう。

仮想の空間をつくり出す技術を、バーチャルリアリティー（ＶＲ、仮想現実）と呼ぶ。仮想現実を体験するには、立体視ができるゴーグルをかぶるものが多い。

ここに、現実の画像や、現実の画像をＣＧ化したものを写すと、実在していない仮想の空間

スマートフォンで拡張現実を楽しむ

（実際にどこかに実在する空間の場合もある）のなかを歩き回ることができる。この臨場感・没入感が、VRの特徴だ。

さらに、バーチャルリアリティーを発展させた技術に、拡張現実（AR＝Augmented Reality）がある。現実の風景に重ね合わせてマニュアルなどの情報を表示させる技術が拡張現実に当たる（上の図など）。

例えば、機械のメンテナンスをするときに、目の前のウェアラブルグラス（目の前に映像を映し出すメガネ）をかけて、マニュアルを現実の光景に重ね合わせて表示するとか、操作すべきボタンを仮想の空間に重ねて表示させることで、作業の間違いを減らすといったことが行なわれている。

『ポケモンGO』も、モンスターが現れるのは公園など実在の場所であり、スマホの画面には、公園の風景に重なってモンスターが現れるので、まるで、そこに実在するかのような感覚を味わえる。この新鮮さが、大勢の人が同ゲームに夢中になる理由だろう。

産業も今後、どんどんバーチャルリアリティーになり、遠く離れていても、まるでその場にいるような感覚でゲームができるようになるだろう。手で触れたときの触覚を遠方に伝える技術も研究されているから、将来は、ＶＲやＡＲでモノに触れる感じも体験できるようになるかもしれない。

例えば、旅行にいかなくても、ナイヤガラの滝を見て水しぶきを感じたり、ピラミッドに触れたりする、という具合だ。

「じゃあ、旅行業が消滅するか?」といえば、そんなことはない。やはりその場で本物に触れることは何物にも代えがたい価値がある。かえって、実際の旅行への喚起に役立つだろう。

ただ、ＶＲで触感を味わえるといっても、彼女とのデートは、やはりＶＲだけでは物足りないのではないだろうか。

ＶＲとＡＲは、無限の可能性をもってはいるが、現実を完全に置き換えるまでには至らないということだ。

速く泳げる水着の秘密は？生物の特異な機能に学ぶバイオミメティクスの驚異

生物の機能を模倣（もほう）した技術をバイオミメティクス、またはバイオミミクリーという。日本語では「生体模倣」と訳されている。

生物はそれぞれ、環境に最適化した進化をしているので、生物の機能を研究して、それを工学的に応用しようというのがバイオミメティクスだ。

よく知られているのが「マジックテープ」。スイス人の発明家が愛犬を散歩に連れ出したとき、オナモミの実が犬の毛や自分の衣服にたくさんついたのを見て、思い立ったという。オナモミの実は、先端がフック状になっていて、毛や繊維などに付着しやすい。この機能を利用して人や動物にくっつき、遠くまで子孫を広めようという植物の知恵だ。これを工業製品として活かしたのがマジックテープだ。

競泳用のサメ肌水着もバイオミメティクスの応用例だ。サメは水のなかでの運動性が極めて高い。その秘密は、サメの肌の構造にある。胴体の表面に小さな突起がずらりと並んでいる。

泳ぐと、この突起に水が当たり、小さな渦をたくさんつくる。この渦が気泡をつくり、表皮と水が直接干渉するのをさまたげる結果、抵抗が減少する。

２００９年の北京オリンピックでは、多くの選手がサメ肌水着を着用し、競泳の世界記録が書き換えられた。

その後、勝敗に水着の影響が大きすぎると判断されたためか、サメ肌水着は禁止になった。渦が抵抗を減らすことは以前からわかっていた。例えば、船のスクリューには、スーパー・キャビテーションプロペラというものがある。プロペラの形状を工夫して、先端で意図的に渦をつくり、抵抗を減らして推力を高めようというものだ。

スーパー・キャビテーションプロペラ

もともとキャビテーションは、スクリューにつきものの現象で、プロペラ先端部の回転が根元より速いことで、低温沸騰を起こして気泡をつくる。これが抵抗となるとともにプロペラの材料を傷つける。

そのため、船にとっては悪い現象なのだが、これを逆手に利用すると高速船用のプロペラができる。

ロシアでは、いち早くこの技術を兵器に応用した。それが「シクヴァル」と呼ばれる高速魚雷だ。魚雷の先端に泡を出すノズルがついており、この泡に本体が包まれて、水の抵抗が大幅に減少。搭載したロケットエンジンで高速で突っ走る。この高速魚雷は、時速370キロを超える速度を出すことができるという。ちなみに競艇のモーターボートは最高で時速80キロぐらいといわれているから、その凄さがわかるというものだ。

水のなかのことは、水中で生活する魚にきくのがいちばん早いということだろう。

2章
誰もが「ハテ?」となる疑問を投げ掛けなさい

当たり前のように思っていたが、いざ
「なぜ?」と問われると、答えられない…。
そんな素朴な疑問のなかにこそ
誰もが思わずひざをのり出す
とっておきの〝話のつかみ〟がある!

情報の容量を表す単位の「1GB」が「1024MB」と中途半端な数である理由は？

Ｍ（メガ）とかＧ（ギガ）は、単位の接頭語だ。現在、日本及び世界で広く使われているメートル法に基づく国際単位系（ＳＩ）では、１０００倍がｋ（キロ）、そのあとは１０００倍ごとにＭ（メガ）、Ｇ（ギガ）、Ｔ（テラ）と続いていく。

普通、長さや距離を表すときは、１０００メートルを１㎞というくらいで、それ以上大きな長さを、ギガメートルとかテラメートルという言い方はしない。

天文学などではきわめて長い距離を表す必要があるが、そんなときは対数表示にする。太陽と地球の距離は、１億４９６０キロメートルだが、１・４９６×10^8㎞と表すと楽だ。「地球と太陽の距離は、１４９・６Tm（テラメートル）だ」とはいわない。

コンピュータの場合は、普通の単位系で使われている、ｋ（キロ）やＧ（ギガ）とはちょっと違う。なぜなら、コンピュータの場合は2進法が使われているからだ。２進法で2を10乗すると１０２４になる。２の10乗とは2を10回掛け算することだ。

$2^{10} = 2 \times 2 \times 2 \times 2 \times 2 \times 2 \times 2 \times 2 \times 2 \times 2 = 1024$

となる。だから１０２４Ｂ＝１KB、１０２４KB＝１GB、１０２４GB＝１TBと続いていく。

ほぼ１０００倍の量になるので、国際単位系にならってキロ、メガ、ギガ……を使っているが、正確には違う量だ。なお、キロは、国際単位系では小文字のｋなのだが、コンピュータの場合は慣例的にＫと大文字を使うことのほうが多い。国際単位系でｋを小文字にするのは、絶対温度の単位Ｋ（ケルビン）と混同されるからだ。

コンピュータの２進法の接頭語を国際単位系と区別するために、次のような専用の単位もできている。

キビバイト（KiB）、メビバイト（MiB）、ギビバイト（GiB）、テビバイト（TiB）という単位だ。それぞれ、キロバイト、メガバイト、テラバイトに対応する。

テビバイトの上は、ペビバイト（PiB）、エクスビバイト（EiB）、ゼビバイト（ZiB）、ヨビバイト（YiB）と続く。

コンピュータは、身近なものなので、大きな数といえども、ざっくりと１０００倍くらい、という感覚がしっくりくるということだろう。

「休火山」「死火山」という分類がなくなった事情とは？

2014年9月の御嶽山（おんたけさん）の大規模な噴火で大勢の犠牲者を出したことは記憶に新しい。その後も、阿蘇山や桜島などで噴火が続いている。2015年の口永良部島（くちのえらぶじま）の噴火では、全島民が島の外に避難した。「日本人は、火山列島に住んでいるのだなあ」と実感させられる。

ところで、昔は、小中学校で、休火山とか死火山という言葉を勉強したはずだ。テストにも出たと思う。しかし、この言葉は、いまは使われていない。以前の休火山と死火山の定義は次のようなものだった。

休火山とは、歴史的文献に噴火の記述があるが、現在は休んでいる火山。例えば富士山。死火山とは、歴史的文献にも噴火の記録のないものだ。

気象庁の解説によると、1960年代から、過去に噴火の記録が残っている山をすべて活火山とするのが世界的な流れになってきていたのだそうだ。

現在、活火山は、過去1万年以内に噴火した火山及び現在も噴気を出している火山と定義されている。

確かに、休火山とか死火山というと噴火しないような印象を与えてしまうが、数百年ぶりに大噴火するということもあるので、注意するにこしたことはないということだろう。

御嶽山の場合も、以前は、2万年も噴火していないと考えられていたが、その後、地質調査をしたところ、2万年の間に4回くらいは大規模な噴火を起こしていたことがわかった。1979年に水蒸気爆発を起こすまでは、死火山といわれていたというから、言葉のイメージを信じてはいけない。

14年の御嶽山大噴火を契機に、全国の火山に防災のための観測機器の設置が進んでいる。火山は観光資源でもあるから、厳しすぎる立ち入り制限も問題があるが、予兆をいち早く察知して、避難方法を定めておくことは必要だろう。

予算の関係もあるのだろうが、どんな災害でも犠牲者が出てからでないと本格的に動かないのは、残念なことである。

御嶽山噴火のとき「火山噴火の予知はできない」という趣旨の発言をして批判を浴びた研究者がいたが、何人かの研究者に聞いてみると、やはり噴火予知は難しいのだそうだ。さらに、噴火収束(しゅうそく)の時期の予測はさらに難しいという。

火山ごとに噴火の種類やメカニズムが違う。マグマ噴火なのか水蒸気爆発なのか。地下にあるマグマや水蒸気の量や動きを詳しく知ることは難しい。

予知がうまくいった数少ない例は、２０００年の北海道の有珠山の噴火だが、これは北海道大学の研究所が有珠山にあり、研究者が常駐し、地元の人たちとの連携が密だったからだという。地面深くの構造をたちどころに検知できるような技術が、早く登場しないものだろうか。

サングラスをかけると液晶画面が見えなくなることがあるのはなぜ?

これは、よくあることだ。テレビだけではない。車の計器パネルやＧＰＳ画面も見えなくなることがある。どうしてか?

答えからいうと、液晶パネルには偏光板が使われているからだ。偏光というのは、光の波の方向のそろった光のことだ。普通、光は波の性質をもち、進行方向に対してあらゆる方向に振動している。

ドライブ用の偏光サングラスをかけると、道路標識や窓ガラスの反射が抑えられて、すっきり見える。

これは、反射してくる光が、縦横いろいろな方向の振動をもつため、本来、標識がもっている色や文字からやってくる光が妨害されて、よく見えなくなるためだ。

偏光サングラスをかけると、ひとつの振動方向の光のみを見るため、反射のギラギラが取れて見える。

一方、液晶パネルは、バックライトから出た光を、偏光板を通して、一方向に振動する光だけにする。

光は細長い形の高分子である液晶分子の向きに沿って光を通し、出口でもう一回別の偏光フィルターを通る。液晶分子のねじれ具合で、通過する光の明るさを変える。

この原理で画素ごとに明るさを段階的に変え、その上に光の三原色（赤緑青）のカラーフィルターを配置することで、三原色の明るさをコントロールして、カラー画像を表示している。

つまり、液晶ディスプレイには偏光フィルターがついていて一方向に振動する光しかないので、偏光サングラスをかけて見ると、画面が見えなくなることがあるわけだ。

液晶パネルを見るときに、正立した状態で見れば大丈夫だが、顔を90度横に傾けると画面が暗くなる。

自発光の有機ＥＬパネルなら、原理的に偏光板が不要なので、このようなことは起こらない。

ただ、外光の反射を減らし、画面を見やすくするために、偏光板を使うこともある。

夜になると、はるか遠くの音がよく聞こえる理由とは？

雪が解け、春祭りの準備が始まる頃、夜になると、お囃子（はやし）の練習をする音がかすかに聞こえてきた。近くではない。かなり遠いところだ。数キロメートルは先だろう。

「なぜ遠くの音がこんなにはっきりと聞こえるのだろう？」……筆者が小学生の頃、こんな疑問をもったことを覚えている。

遠くの音がよく聞こえるのは、夜になって周囲が静かになったこともももちろんある。しかし、それだけでは、数キロメートル離れたところの音が聞こえることはないだろう。

この現象は、温度と音速の関係で説明することができる。音速は毎秒３４０メートルと覚えている人は多いだろう。これは気温が15℃のときの速度だ。音速は気温が下がると遅くなり、気温が上がると速くなる。０℃のときの音速は、３３１・５メートル毎秒、30℃のときは３４９・５メートル毎秒だ。30℃のときは０℃のときより音速は５パーセントほど速い。

普通、気温は上空にいくにしたがって下がっていく。この割合は一定で、平均すると１００

逆転層で音が曲がって伝わる

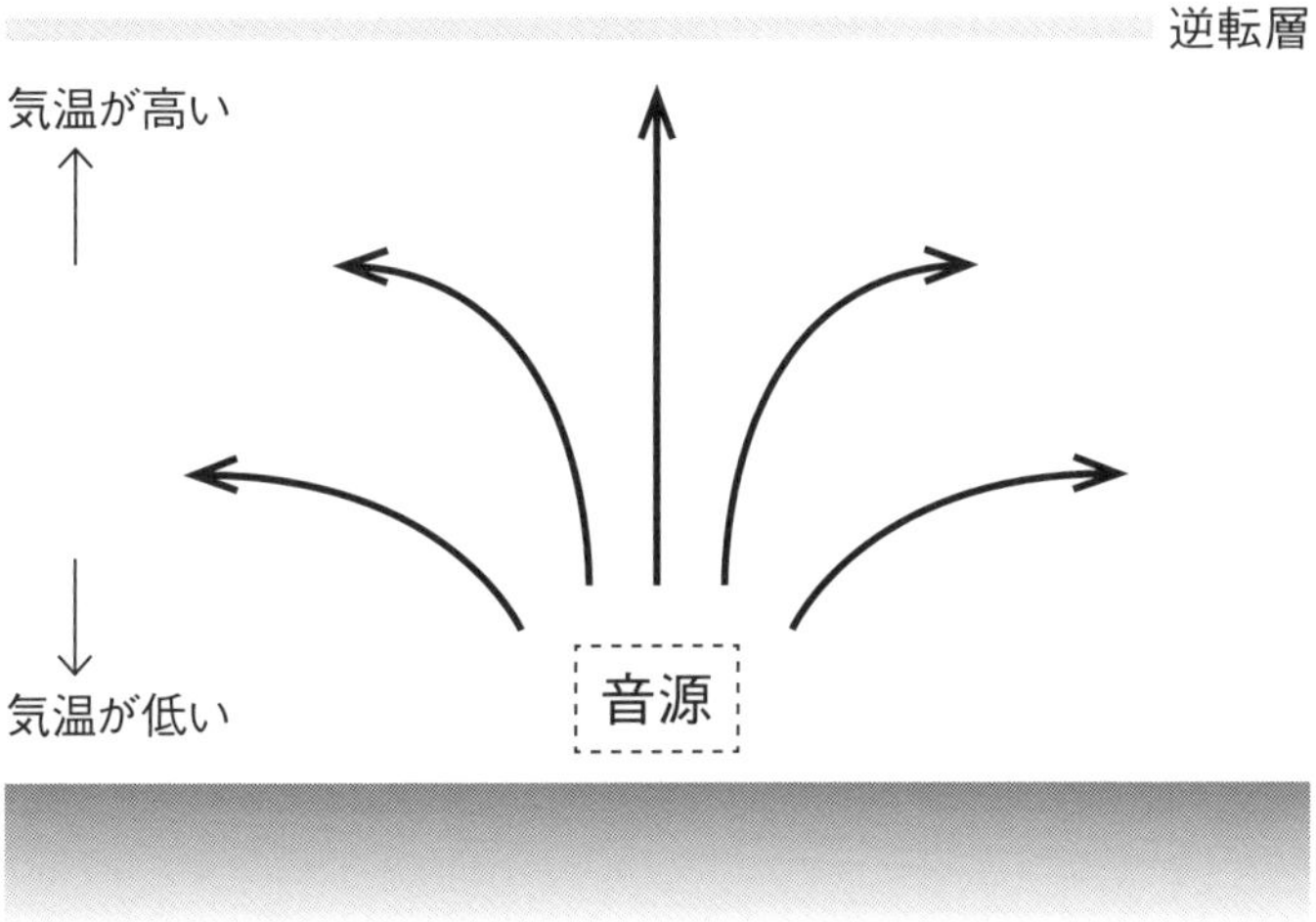

逆転層

気温が高い

↑

↓

気温が低い

音源

メートルにつき0・65℃だ。ところが上空に逆転層ができることがある。逆転層というのは、上空のある高度の空気の層の温度が高くなっているところだ。気温が高いほど音速が速くなるので、地上から出た音は、逆転層に達すると速く伝搬する。その結果、音は少し横方向（地上方向）に曲がって進む。

　普段は上空に抜けていってしまうはずの音が、逆転層で横方向にカーブして進むので、遠くまで届くのだ。

　遠くのお囃子が聞こえるのは、そういう理由だったのだ。音の蜃気楼のようなものだ。

　早春の夜はまだ気温が低い。昼の暖かさとは裏腹に夜になると急激に気温が下がり、地上付近の空気のほうが先に冷たくなる。そのため上空十数メートル付近に逆転層ができるのだ。

こんな風情のある現象も、昔の静かな田舎だからこそ起こるのであって、騒音だらけの都会では期待できないだろう。

洗濯物が乾きやすいのは「夏」と「冬」ではいったいどっち？

洗濯をして外に干したとしよう。晴れていて無風で陰干しという設定にする。この条件で、夏と冬ではどちらが早く乾くだろうか。

例えば関東地方では、冬は空気が乾燥していて、湿度、20パーセント以下ということもざらだ。ならば、冬のほうが乾きやすいのだろうか。

一方、夏は湿度が高いが、温度が高ければ水分は蒸発しやすいという意見もありそうだ。さあ、どちらだろう。

結論からいうと、その日の湿度に関係してくるから、単純にはいえないのだが、ここは理系の雑談の場だから、気温と飽和水蒸気圧から考えてみよう。

夏の暑い日のビールは美味い。コップの外側が曇るくらいによく冷えたビールはのど越し爽

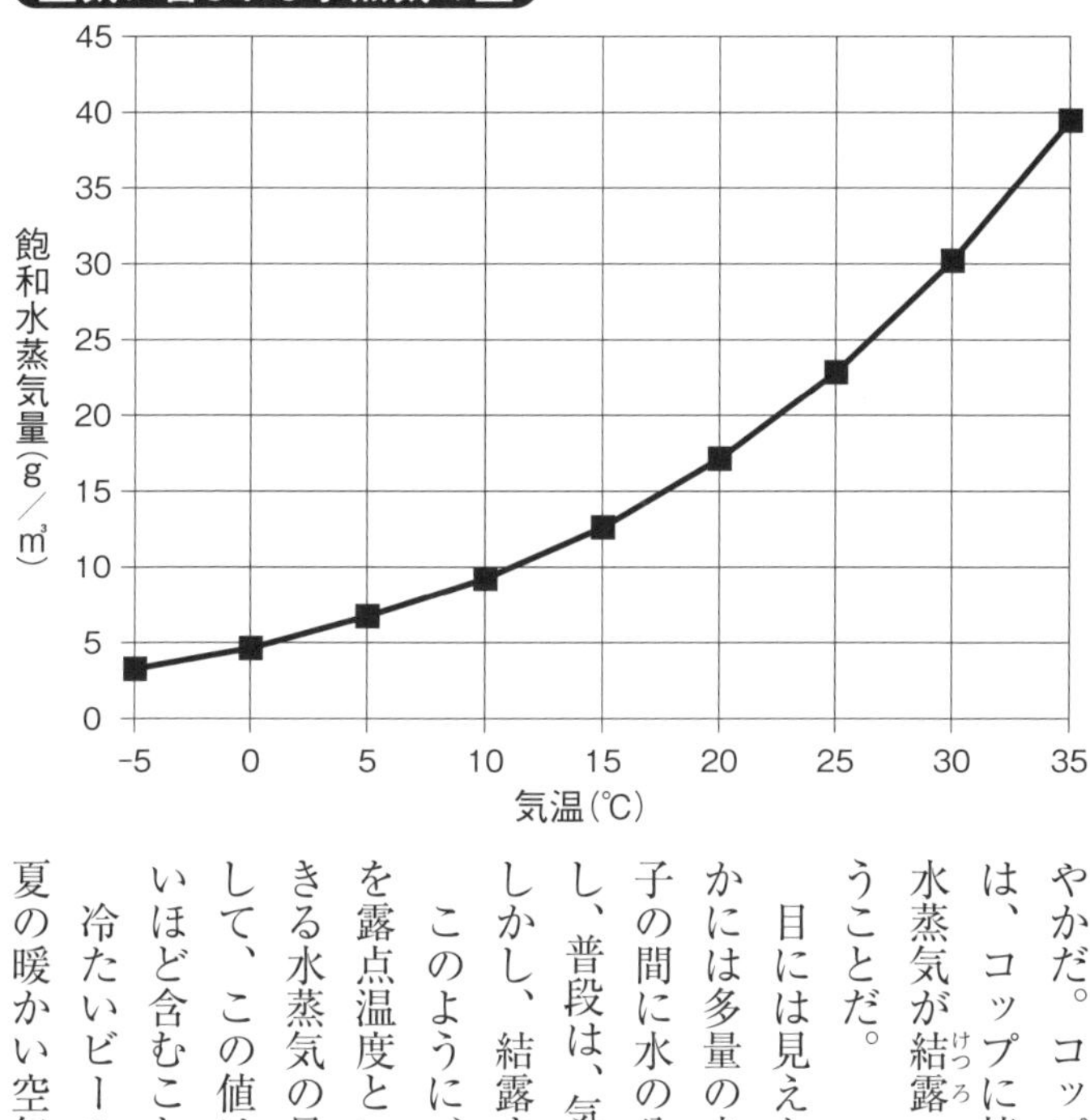

やかだ。コップの外側が曇ったり水滴がつくのは、コップに接する部分の空気に含まれている水蒸気が結露（けつろ）（気体が液体になること）したということだ。

目には見えないため気づかないが、空気のなかには多量の水蒸気が含まれている。空気の分子の間に水の分子が混じっている状態だ。しかし、普段は、気体の状態なので目には見えない。しかし、結露すると、目に見える水滴になる。

このように、空気中の水蒸気が結露する温度を露点温度といい、空気のなかに入ることができる水蒸気の最大値を飽和水蒸気圧という。そして、この値は温度によって決まる。温度が高いほど含むことができる水蒸気量が多くなる。

冷たいビールを入れるとコップが曇るのは、夏の暖かい空気が急に冷えたため、含むことができる水蒸気量が少なくなって、最大値を超えた水蒸気が水滴になったからだ。

ちなみに、気温０℃のときは、空気1立方メートルに約４・８グラムの水蒸気が入ることができるが、気温30℃は、約30・４グラムと6倍も水蒸気を含むことができる。

こういった知識があれば、暑い日は、空気が水蒸気を吸収できる余地が大きいので、洗濯物は乾きやすいということがわかる。逆に冬は、空気に入ることができる水蒸気量が少ないので洗濯物の水分が蒸発しにくく乾きにくい。

冬に室内で洗濯物を早く乾かしたいときは、日の当たる窓際に干すか、暖房を入れて室温を高めたほうがいいということだ。あとは、できるだけ洗濯物の表面積を大きくして、空気に当たる面積を増やし、さらに風を送って水蒸気が蒸発しやすいようにするなどの工夫をすれば早く乾かすことができる。

車の自動運転と飛行機のオートパイロットの違いとは?

飛行機には、すでに高性能な自動操縦装置（オートパイロット）が搭載されている。自動車の自動運転とはどこが違うのか？　自動車は飛行機の自動操縦をまねようとしているのか？

飛行機の自動操縦装置は、近年急激に進歩した。現在のジェット旅客機には、「飛行管理装置（FMS、flight management system）という機器が搭載されている。

ここには、飛行計画書に書かれた、出発空港、目的地、飛行ルート、高度、速度、重量・重心位置、燃料搭載量など飛行に関するあらゆる情報がデータとして入力されていて、これが、オートパイロットとリンクされ、離陸と着陸の数分間を除いて、すべて自動操縦で飛ぶことができる。

高度、重量、気象条件によって、最適な燃料消費を選んで自動的に飛行し、そのさいも、経済性重視、速度重視の飛行モードなどを選ぶことができる。

着陸に関しても、最も精度の高いモードでは、0視程（雲や霧でまったく滑走路が見えない状態）でも着陸できる。

飛行場に、このモードに対応した装備があり、かつ、パイロットがそれを実行できる資格をもっていれば、着陸まで完全自動で行なえる。

ただし、現在のところ、完全自動着陸は行なっていない。幅60メートルの滑走路に時速200キロを超える速度でジェット旅客機を着陸させるのは、技術的には可能でも、万が一の事故、例えば着陸後の滑走路からの逸脱の危険などを考えると、安全を優先して考えたほうがいいというわけだ。

車の自動運転と比べると、飛行機ははるかに難易度が高い。ただ、車には別の難しさがある。それは、ほかの車・ガードレール・電柱などの障害物から、20～30センチ離れた極近距離で、時として時速100キロ以上で走る車をコントロールしなくてはいけないことだ。

もうひとつは、トラフィックが非常に多いこと。飛行機なら、決められた航空路や離着陸経路を航空管制を受けながら飛ぶので、ほかの飛行機とぶつかる心配も少ない。

しかし、車は一瞬よそ見をしただけで、ぶつかってしまう。予測が不可能な人の飛び出しなどもある。とくに人身事故は絶対に起こしてはいけないので、ここが車の自動運転の難しいところだ。

飛行機の自動操縦装置は複雑だが、小型機の自動操縦装置はもっとシンプルだ。基本的に、針路と高度を維持するくらいの機能しかない。車でいえば、レベル1から2（30ページ参照）くらいに相当する。

また、飛行機の自動操縦装置は、人間が操縦桿などに力を加えると、解除されるようになっている。こういうところも、車のレベル2、3に近い。車も、人間が運転できる余地を残しておいたほうが、いざというとき安全なのではないだろうか。

プロペラ機が超音速で飛べないのはどうしてか?

現在、中型以上の飛行機は、大半がジェットエンジンを装備したジェット機となり、プロペラ機は小型機と中型機の一部に残っている。

ジェット旅客機は、音速よりも少し遅い、マッハ0・75〜0・8程度の亜音速で飛行する。マッハ1が音速と同じ速度なので、音速の75〜80パーセント程度の速度だ。時速に換算すると918〜978キロだ。一方、プロペラ機の速度は、日本のコミュータ路線（近距離定期運送）を飛んでいる、デ・ハビランド・カナダDHC−8で時速500〜600キロ。ほかのプロペラ旅客機もだいたいこれくらいだ。

プロペラ機には、ジェットエンジンにプロペラをつけ、主にプロペラの推力で飛ぶターボプロップ機と、車と同じピストンエンジンで飛ぶレシプロ機がある。ターボプロップ機は、高速機に採用され、レシプロエンジンはセスナに代表される小型軽飛行機に搭載されている。

小型単発機の速度は、時速にして180〜330キロ程度。プロペラ機とジェット機の大きな違いは、この速度だ。ジェット機は音速に近い速度で飛べ、戦闘機になると音速を超えた速度で飛べるのにプロペラ機はなぜ高速で飛べないのか。

これはプロペラの能力に限界があるからだ。速度を上げようとプロペラの回転速度を速くすると、ある速度で、プロペラの先端の回転速度が音速を超えてしまう。音速を超えると衝撃波が発生する。これが大きな抵抗になりプロペラが壊れてしまうのである。

ちなみに、セスナ172型機のプロペラの直径は、約2メートルだが、最大回転数は、2700回転くらいである。これは、これ以上速く回転させると空気に対するプロペラ先端の速度が音速に近づきすぎて効率が落ちるからだ。

プロペラ先端の回転速度に加えて飛行中は前進する速度との合力がプロペラ羽根に働く。そのためプロペラ機は音速を超えることはできない。

しかし、高速時の抵抗を軽減するための技術がいろいろ考えられている。例えば、プロペラの先端に後退角をつけたスキュードプロペラがある。

エアバス・ディフェンスのA-400Mアトラス輸送機や、早期警戒機E-2ホークアイの一部の機体など最近のターボプロップ機は、スキュードプロペラを採用しているものが多い。

これまでのプロペラ機で最速なのは、二重反転プロペラを搭載したエンジン4発のロシアのツポレフ95ベアで、時速925キロを出すといわれている。プロペラ全盛時代の第二次世界大戦中の戦闘機では、アメリカのP－47サンダーボルトが時速697キロ、P－51ムスタングが時速703キロ。ただし、これは最大速度で、巡行速度（経済的に長時間飛べる速度）はもっと遅い。日本のゼロ戦も、最大速度は時速570キロだが、巡航速度は、時速300キロ程度。現代の小型軽飛行機とたいして変わらない。

亜音速での超音速飛行には、ジェットエンジンのほうがずっと効率がいいので、高速で飛ぶ大型機はみんなジェット機になった。

もっとも、そのジェット機が、低騒音、低燃費を求めて、前部に巨大なファンをもったターボファンエンジンになってきている。ターボファンエンジンは、ファンの覆いをはずせば、ターボプロップみたいなものだ。最新のターボファンエンジンでは、ファンから得られる推力とジェットエンジン本体から得られる推力の比が12：1にもなるエンジンが登場している。

心をもった人工知能ロボットは登場するか？

ロボットの頭脳にあたる人工知能が凄まじい勢いで発達している。ディープラーニング（深層学習、158ページで解説）などニューラルネット系の人工知能が、かなり使える段階にまで入ってきている。

クイズやテストでは、人工知能は、おおむね人間より頭がいい。例えば、東京大学の試験を人工知能でパスすることを目指した「東ロボくん」プロジェクトは、所期の目的を達成できなかった（2016年11月に合格を断念）が、人工知能が試験をクリアするのも時間の問題であろう。しかし、問題はこの先だ。

人工知能ロボットは、人格や意識や知能といった高度なものをもてるのだろうか？

ひとつの独立した人格をもつためには、価値観の基準をもつことが必要だろう。人間が自己を意識できるようになるのは、人体に入力される情報とそれをフィードバックすることでつくられていく。

幼児は、「お母さんの肌に触れると温かい」「転ぶと痛い」「食べ物を食べないとお腹がすく」といった情報と身体のフィードバックを繰り返しながら、外界の物事と身体の関係性を覚えていく。快適か不快か、痛いか痛くないか、欲望を満たせるかどうか。こういったことを繰り返して、価値観を身につけていくのだ。

では、人工知能ロボットの価値観は何だろうか。まず、「暖かい・寒い」はあまり関係なさそうだ。ただ、あまり寒いとエネルギー源であるバッテリーの能力が下がるので困るかもしれない。転ぶと痛い（機械が壊れる）のは人間と同じだ。エネルギーは電気で、人間にとっての食べ物だ。これには強くこだわるだろう。

知能ロボットに、生存を希求する本能があるとすれば、バッテリーが残り少なくなれば、自分で充電設備のあるところへ移動して、充電を始めるだろう。生存本能が強いほど、人間を蹴散らしてでも電気を欲しがるに違いない。

では、生存を続けたいという本能は知能ロボットには生まれるだろうか。生存し続けることを強く望むためには、何か強力な理由が必要だ。

人間が、強力な生存欲求をもっているのは、なぜかはわからないが、たぶん遺伝子、つまり子孫を残すという本能だろう。ほかの動物もみんな同じだ。では、知能ロボットには、子孫を残し、生き残るという本能が生まれるだろうか。

このように考えると、いくら知能ロボットが何千万という文献を一日で読み終える能力があっても、価値観といえるものは、もてないのではないだろうか。基本的な価値観は人間が与えてやるしかない。

となると、やはり、悪事を教えられた知能ロボットは悪いことを行なってしまうのか。人工知能は、いかに人間に対する邪悪な行ないをさせないようにするかについて、よく教えないといけない。

誤った価値観、人間にとって邪悪な心（ロボットにとっては正義？）をもったロボットは、人間に危害をもたらすだろう。

『スタートレック』の転送マシーンは実現の可能性があるか？

1960年代のアメリカのSFテレビドラマ『スタートレック』では、人間を離れたところに転送できる転送装置が登場する。こんなことができるのだろうか。

劇中の転送装置は、人間を量子レベルにまで分解し、目的の場所で実体化させるというものだ。逆に、惑星上の座標を設定すれば、人間をエンタープライズ号に転送することもできる。つまり、エンタープライズ号の転送装置だけで送信も受信もできるのである。転送されるほうは、転送装置をもっていなくてもいい。

こんなことができるのか？　まず、生きている生体を量子レベルまで分解することは不可能だ。原子レベルでも無理。生体は、常に代謝をして生命を維持しているから、一瞬でも切り取れば、命を失う。

また、代謝の問題がクリアできたとしても、人間を量子レベルまで分解すると、どれくらいの情報量が必要になるのか見当もつかない。また、それを電磁波か何かにのせて送る技術も、いまのところ想像できない。

もっと荒唐無稽なのは、惑星上にいる人間を、エンタープライズ号に転送することだ。どのようにして、何のセンサーもない空間をスキャンするのだろうか。

そもそも、人間のデータを量子レベルに分解して送るといっても、それはコピーではないのか。量子レベルとはいっても実体の転送は無理だ。

量子の転送というと、量子テレポーテーションを連想するが、これも転送されたかのように見えるのは情報であって実体ではない。

量子テレポーテーションというのは、光子などの量子的相関を利用した情報伝達の方法。同時に対生成した光子のスピン（回転しているイメージ）はそれぞれ上向きスピンと下向きスピンになっている。

この2個の間には不思議な関係があって、遠く離れていても一方のスピンの方向が変わるともう一方も変わるという性質がある。これを量子もつれという。「もつれ」とは何とも艶めかしい言葉だ。「絡み合い」ともいう。ここまでいくと露骨すぎる気もするが、実際に物理学ではこのような言葉を使う。

それはともかく、このもつれの相関は、ふたつの粒子が遠く離れていても働くというのだ。スタートレックの転送装置も、量子もつれをヒントにしたのだろう。

しかし、送ることができるのは、あくまで情報であり実体ではない。転送装置で送れるのは、仮に実現できたとしても、人間のコピーにすぎないだろう。

サンダーバード2号はあのヘンテコな形で空を飛べるのか？

『サンダーバード』は、大金持ちの一家が、国際救助隊を設立し、ハイテクを活用して、世界中の遭難事故の救助に向かうという英国のSFテレビドラマだ（日本では1965～66年に放送）。オリジナルは人形劇だが、最近、CG化されたので、若い世代の人にも見たことのある人が多いのではないだろうか。

何といっても見どころは、科学技術を駆使したハイテク装置だ。ドラマは2065年という設定になっているので、まだまだかなり未来である。このドラマには、サンダーバード1号から5号まで5種類の乗り物が登場する。

1号は、ロケットタイプ。3号は、大気圏外まで出ることができるロケットタイプ。4号は、潜航艇。5号は宇宙基地だ。この4機のうち、潜航艇を除いて、1号と3号は、まずまずロケットらしい形はしているが、問題は2号だ。スイートポテトというか、亀の甲羅(こうら)のようにずんぐりしていて、翼が極端に小さい。

サイズは、全長76メートル、翼幅55メートル、高さ18メートル、重量は400トン余り。動力源は原子力でジェットエンジンとロケットエンジンを装備している。最大速度はマッハ8（時速1万キロ）。垂直離着陸ができる。大きさも重さもボーイング747ジャンボ機と同じくらいの大きさだ。

見ただけで、「これは飛べないだろうな」という印象だ。まず主翼が小さすぎる。これでは、400トンを離陸させる揚力は得られないだろう。

ざっと計算してみると、サンダーバード2号の翼面積は、95平方メートル×2で190平方メートルほどだ。一方ジャンボ旅客機の主翼の面積は、540平方メートル。サンダーバード2号の主翼面積はジャンボ機の3分の1以下しかない。

これでは、揚力も3分の1になるので、飛べないだろう。ただし、丸みを帯びた胴体が主翼のように揚力を生むとも考えられる。

これは実機でも行なわれていることで、ブレンデッドウィングボディとかリフティングボディィという。F-16戦闘機などに採用されている。

仮にそれで飛べるとしても、問題は胴体中央に装着するコンテナだ。これを外すと胴体では揚力が得られなくなるばかりか、大きな空間が抗力となってしまう。コンテナを外したままだと飛べないはずだ。

SFテレビドラマの話から離れて見ても、イギリスの航空機は、あまりデザインセンスがよくない。不格好な機体が多いのだ。

アブロ・バルカンという分厚い三角翼の爆撃機や、サンダーバード2号にちょっと似ているハンドレページ・ビクター爆撃機など、変わったデザインの飛行機が多い。わずかな例外は、スピットファイヤ戦闘機とデハビランド・コメットジェット旅客機だろう。この2機だけは、びっくりするくらいいいデザインだ。

ヒーロー番組に出てくる身長50m、体重数万トンの怪獣はありえるのか?

空前の大ヒットとなった映画『シン・ゴジラ』(2016年、東宝製作)だが、気になるのは興行収入よりもシン・ゴジラの身長だ。歴代のゴジラの身長を調べてみると、1954年公開の『ゴジラ』第1作に登場した「初代ゴジラ」の身長は50メートル、体重2万トンだった。その後、50メートルくらいの身長が続いていたのだが、1984年のゴジラから80メートルになり、2016年の『シン・ゴジラ』では、118・5メートルにまで「成長」した。

この成長に、科学的根拠があるわけはないが、『ウルトラマン』に出てくる怪獣をはじめ、怪獣には、50メートル前後のものが多い。怪獣と戦う正義のヒーロー・ウルトラマン（初代）も、身長40メートル、体重3万5000トンと怪獣の「標準身長」に近い。

では、実際に地球上に生息した、三畳紀（さんじょうき）から白亜紀（はくあき）（2億5000万年前〜6600万年前）に生息した恐竜はどれほどの大きさだったのだろうか。

恐竜は、地球上に生息した生物のなかで最も大きな生き物だったが、そのなかでも最大といわれる、アルゼンチノサウルスで、全長は45メートル、体重110トンであった。

恐竜の身長は怪獣に近いが、体重は、初代ゴジラの2万トンよりはずっと軽い。2万トンというのは、異様に重い、というか密度が高すぎる。船でいうと、総トン数で1万トンクラスなら、全長100メートル以上の長距離フェリーだ。

ウルトラマンはもっとすごい。ゴジラより少し身長が低いのに、体重はゴジラの1・75倍もある。フェリーよりも重いウルトラマンと怪獣が戦ったら、近くにいると大地震のような揺れを感じ、地割れがするだろう。大型フェリー2隻が戦っているようなものだ。

というわけで、科学的にいえば「これは重すぎる」という結論になる。

ところで、50メートル前後という身長の怪獣が多いのは、10階建てくらいのビルの上に上半身を出して戦うと絵になるからというのが理由だろう。あくまで推測だが。

シン・ゴジラがいきなり100メートルを超えたのは、高さ634メートルのスカイツリーに対抗するためではないだろうか。スカイツリーの10分の1以下しかないゴジラでは、東京都心で暴れても格好がつかない。

知らないと遭難する?　方位磁石が正確に北を指さない理由

昔、学校で「方位磁石は、針の赤く塗られた側のN極が北を指す」と習ったはず。しかし、登山やトレッキングをする人ならご存じであろうが、方位磁石は北を指さない。

地球の磁場の北は、北極点に一致していないからだ。地図上の北を真北（しんぼく）といい、磁石の指す北を磁北（じほく）という。そして、真北と磁北の成す角度を磁気偏角（へんかく）とか磁気偏差（へんさ）という。

この角度が地球のどこでも一定なら苦労はしないのだが、場所によってまったく異なる。しかも、磁北が西の方向にずれていたり、東の方向にずれていたりする。

例えば、東京では、磁北が西に7・5度ほどずれているが、サンフランシスコでは東に15度ずれている。日本国内でも、北端の稚内(わつかない)では西に10度、沖縄では西に5度と、5度くらいの開きがある。しかも、偏角は、ゆっくり変化している。偏角は国土地理院が観測しているから、最新のデータを使わないといけない。

等しい磁気偏角を結んだ図が国土地理院で公開されているが、これを見ると、線がぐにゃぐにゃしていて地磁気の流れは決して一定ではないということがわかる。

ちなみに、磁気の北極点は、北緯82・7度、西経114・4度にある(2005年)。カナダの北の北極海だ。このように偏角の知識がないと、海や山で遭難したときに、助からないかもしれないのだ。

では、地球はどうして磁石になっているのか。地球の内部には、地表から順に、地殻(ちかく)、マントル、外核(がいかく)、内核(ないかく)がある。外核は地下2900キロメートルの深さにあって、鉄やニッケルからできた高温の液体の状態だ。内核は、固体と考えられている。地球の自転によって、液体の外核も回る。導電性の固体の内核の周りを導電性の液体である外核が回るときに、磁場が発生する。発電機のような仕組みなので、ダイナモ理論と呼ぶ。

詳しいことはまだわかっていないが、この流体の動きが不均一であることから、磁気偏差が生まれているようだ。

ちなみに、惑星がすべて磁気をもっているかというとそうではない。火星や金星、そして月は磁場がほとんどない。磁場が強いのは、地球、土星、木星、天王星、海王星などだ。

将来、火星に移住した人たちは、方位磁石が効かないことを覚えておいたほうがいいかもしれない。

真っ直ぐ飛ぶはずの弾丸が右にそれるコリオリの力とは?

台風の進路には、コリオリの力が関係している。地球上で地面から離れて運動するものには、コリオリの力が働く。風も弾丸もミサイルも、である。

もし、風や弾丸に意志があれば、真っ直ぐに飛んでいるつもりなのだが、地上にいるものから見ると、逸(そ)れているように見えるはずだ。

では、コリオリの力はどうしてできるのか。地球は回転(自転)する球体だが、この「回転」

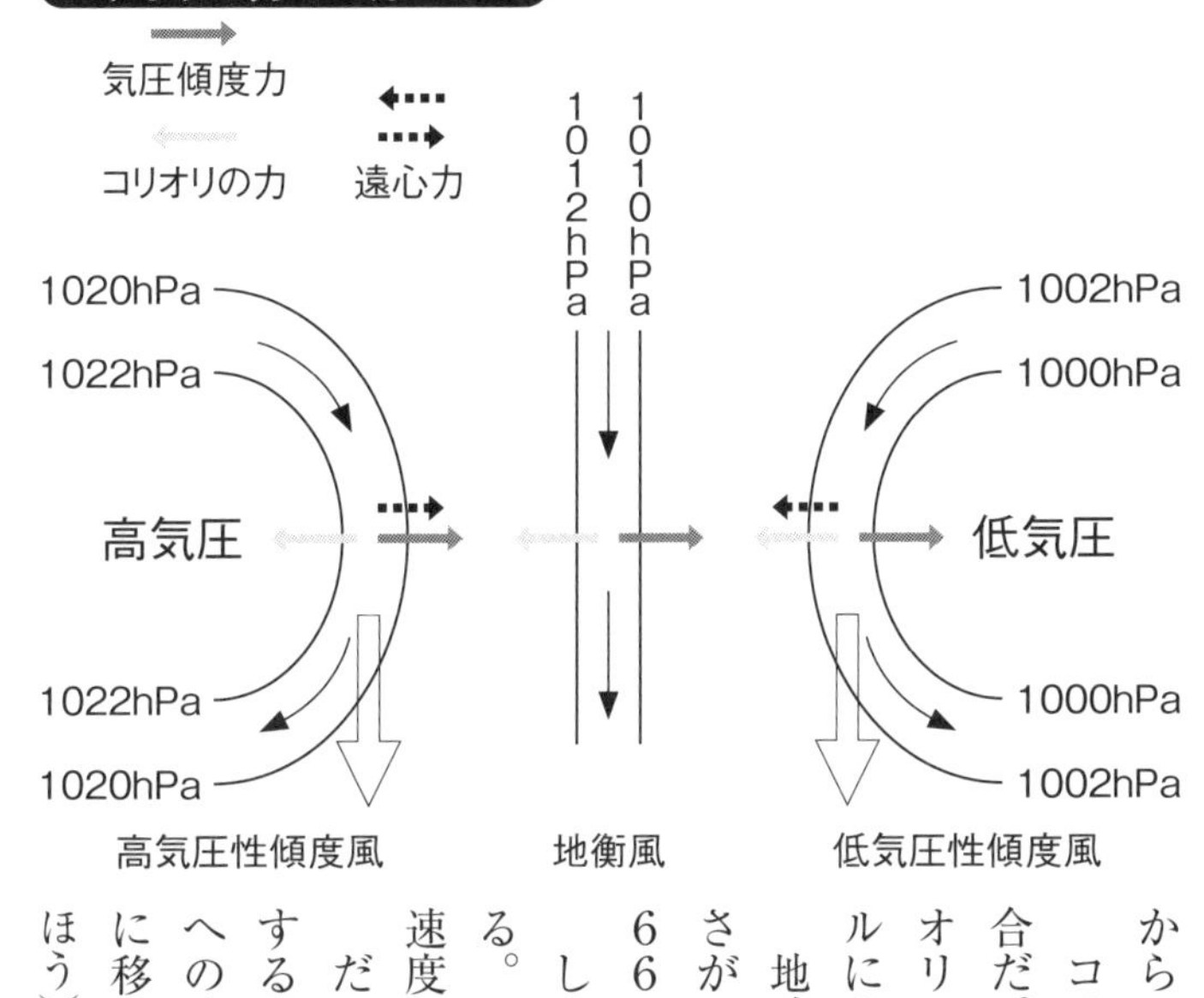

からコリオリの力が生まれる。

コリオリの力が働くのは、南北方向に動く場合だ。真東や真西に動く場合は働かない。コリオリの力は、初速に含まれる横方向へのベクトルによって生まれる。

地球は、24時間で一回転している。赤道の長さが4万キロメートルだから、時速にすると1667キロ毎時だ。

しかし、北極点・南極点では速度はゼロになる。つまり、緯度が上がるにしたがって、回転速度が遅くなっているのである。

だから低緯度から高緯度に向かって慣性運動する物体は、運動を始めたとき、横（東）方向への速度成分をもっているため、高緯度のほうに移動するにしたがって地上に対して右（東のほう）にずれていく（北半球の場合）。つまり地上の座標に対しては徐々に右に曲がっていくのだ。弾丸でもミサイルでも、発射されたのち、慣性だけで飛んでいる場合は、コリオリの力が働く。

では、低気圧や台風に吹き込んでいく風が北半球では左回りになるのはなぜ？

これにはまず、地衡風（ちこうふう）というものを理解する必要がある。地衡風とは、コリオリの力と気圧傾度力（空気が気圧の高いところから低いところへ流れる力）が釣り合った状態で吹く風のことだ。地表との摩擦のない上空では等圧線に平行に吹く。台風や低気圧に向かって吹く風は、等圧線が曲線になっているので、この曲線に沿って吹く。すると、地衡風に遠心力が加わる。

つまり、低気圧や台風のまわりでは、コリオリの力・気圧傾度力・遠心力の3つが作用して、低気圧性の回転（北半球では左回り）が生まれるのだ。この風を傾度風という。この状態で低気圧の中心部分の上昇気流が激しくなり、周囲から空気を吸い込んでいくと、左回りに風が吹き込んでいくことになる。

よく「お風呂の栓を抜いたときも、北半球では左回りに吸い込まれる」という話がまことしやかに語られる。しかし、コリオリの力は、大きな距離スケールでないと働かない。コリオリの力よりも、空気や水がもつ運動エネルギーのほうが大きいからである。だから、お風呂の排水やつむじ風の方向は左回りになるとは限らない。

しかし、筆者は毎日、お風呂の水を流すときに観察しているのだが、たいてい、左回りになっている。コリオリの力は効かないのだから、偶然ということになるのだろうか。

煙突は、高いほどいい、ちょっと意外な科学的理由とは?

最近は、工場の排煙に対する規制が厳しくなったので、煙突から煙がもくもく、という光景はあまり見られなくなった。しかし、1960年代頃までは凄かった。濃い緑色や茶色とオレンジ色が混ざったような色など、いかにも体に悪そうな色をした煙が大量に出ていたものだ。

当時は、排煙浄化の技術はまだ十分でなかったし、環境保護という思想もいまほどは熟していなかったので、大気中に放出してしまえば自然に拡散して人体に害のないレベルになってしまうから大丈夫という考え方だったのだろう。

さて、そこで、本題に入ろう。煙突は見上げるほど高いものというイメージがないだろうか。煙突は確かに高いものが多い。インターネットでざっと調べてみると、世界でいちばん高い煙突は、カザフスタンのエキバトスにある石炭火力発電所「エキバトス第二発電所」の煙突で、なんと419・7メートルもある。東京タワー（333メートル）よりも高い！　そのほか、世界中に、東京タワークラス以上の高い煙突がいくつもある。

なぜ煙突は高いのか？　ひとつには冒頭でいったように、煙突から出る汚染物質をできるだけ、拡散するという目的がある。

しかし、科学の目で見ると、もうひとつの目的に気づく。それは、吸い出す力を大きくするということだ。

気圧は上空に上がるほど小さくなる。わずか400メートルの高さの違いといえども、気圧は地上の95パーセントに下がる（標準大気の場合）。この差のため、地上の空気を吸い上げる力が大きくなり、煙が出やすくなって排煙効率が上がるというわけだ。

さらに、もうひとつ煙突が高い理由がある。それは、上空に行くほど風が強くなるということだ。風が強くなると、流れと垂直の方向への圧力が小さくなる。

これは、ベンチュリー効果と呼ばれ、管の断面積が細くなるところでは流速が速くなり、圧力が下がるというもので、ベルヌーイの定理に基づく。流速が速ければ速いほど圧力が小さくなる。

高いほど風速が速いので、高い煙突はベンチュリー効果によって煙突の先端の断面に与える圧力が小さくなり、煙を吸い出しやすくなるというわけだ。ベンチュリー効果は、ガソリンエンジンでキャブレターなどの吸気圧や真空圧を得るなど、工業用途で広く使われている。

微分積分の考え方は事故の少ない道路づくりにどう利用されている？

数学が嫌いになったのは、微分積分からという人も多いだろう。記号も解法も複雑で、見ただけで敬遠しがちになるが、実は、そんなに難しいものではない。

いきなり数式が出てくるから難しく見えるのであって、微積分の本質がわかれば簡単だ。微積分が難しいというのは、高校の数学の教え方が悪い。

微分積分というのは、変化のある量から、部分部分の変化の傾向を読み取ったり、部分の積み重ねから、全体の変化傾向を読み取ったりするものだ。

例えば、ラーメン屋さんの売り上げが、麺の硬さ・スープの濃さで上下していたとすると、積分を使って、関係性を解析することができる。

麺の硬さ・濃さを変数としてラーメンの売り上げを予測できるのだ。微分積分は私たちの生活に密着しているといってもいいのだ。

微分の例を挙げよう。高速道のジャンクションでは、他の道路とつなぐためにカーブを描く

クロソイド曲線の模式図

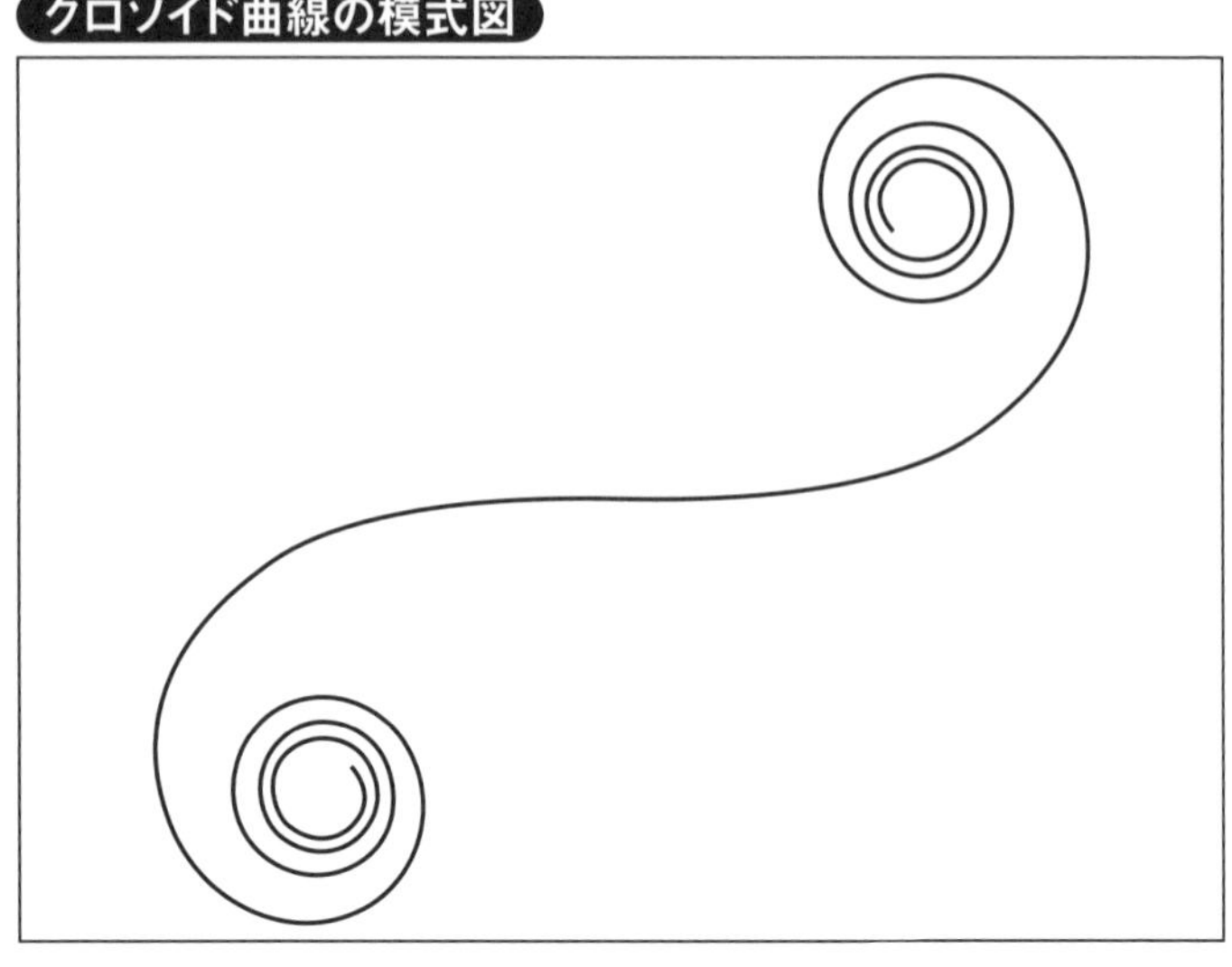

道路がつくられている。この道路の設計に微分が活かされている。

カーブを描く道路を走るとき、カーブが円の一部だと、直線からカーブに入るときにハンドルを切り、直線道路に戻るときにまた反対側にハンドルを切らないといけない。

このときカーブの半径が小さいと、急ハンドルになって危険だ。

しかし、カーブが少しずつ深くなっていく弧（こ）だったらどうだろう。

ドライバーはゆっくりハンドルを切りながらカーブを曲がることができる。

このとき、車の速度が一定なら、同じ回転速度でハンドルを切っていけると楽である。

これができる曲線が、クロソイド曲線だ。この曲線は微分方程式によって描き出すことができる。クロソイド曲線は、速度無制限のドイツの高速道路アウトバーンで最初に導入された。高速道路だけでなく電車の軌道や垂直に回転するジェットコースターにも使われている。

細かな時間に分割して動きを見る微分がいかに役立っているかがわかると思う。

ジェット機より プロペラ機の方が 操縦が難しい理由

大型機の操縦は小型機より難しそうな印象があるが、実は、そうでもない。確かに、システムは複雑なので、覚えなくてはいけないことがたくさんあるが、操縦そのものはプロペラ機より簡単だ。

では、プロペラ機はどこが難しいのだろうか。難しさの原因は、プロペラだ。大きなものが回転しているので、いろいろと悪影響が出る。

飛行機のプロペラには、4つの効果がある。

ひとつ目はトルクの反作用。これは、回転する方向とは逆に働く力だ。プロペラが右に回ると、機体には左に回ろうとする力が働く。つまり、右回り（操縦席から見て）プロペラなら機体が左に傾く。

ふたつ目はジャイロ効果だ。回転するものに加わった力は、回転方向に90度進んだ方向に働くというものだ。例えば機首を上げると、プロペラの回転面の上の位置（時計の文字盤に例えると12時の位置）に手前に向かう力を加えることになるから、その力は、右に90度ずれた位置に働く。つまり機首を上げると右を向こうとする。

3つ目は後流効果だ。プロペラが回転すると後方に向けて強い風の流れができる。この風は右回りプロペラなら胴体の周りを右回りに螺旋（らせん）を描いて流れる。飛行速度が遅いときは、この流れが垂直尾翼の左側から当たる。そのため機首が左を向いてしまう。

4つ目が、P-ファクターと呼ばれるものだ。これはちょっと難しい。プロペラの回転面に風が斜めに当たるときにこの効果が出る。例えば、上昇するときは、機首を上に向ける。パワーの弱いプロペラ機は、機首が向いている方向に進まないので、上昇中は風が回転面に対して少し下から当たる。このとき、プロペラ回転面の右（操縦席から見て）半分のほうが左半分のほうよりプロペラ羽根の迎え角が大きくなり揚力が大きくなる。右半分の揚力が大きくなるから、飛行機は機首を左に向けようとする。

プロペラ飛行機は、この4つの効果が複雑に絡んで作用する。

速度の違い、姿勢の違いでも微妙に影響の大きさが違ってくる。また、エンジンの出力が大

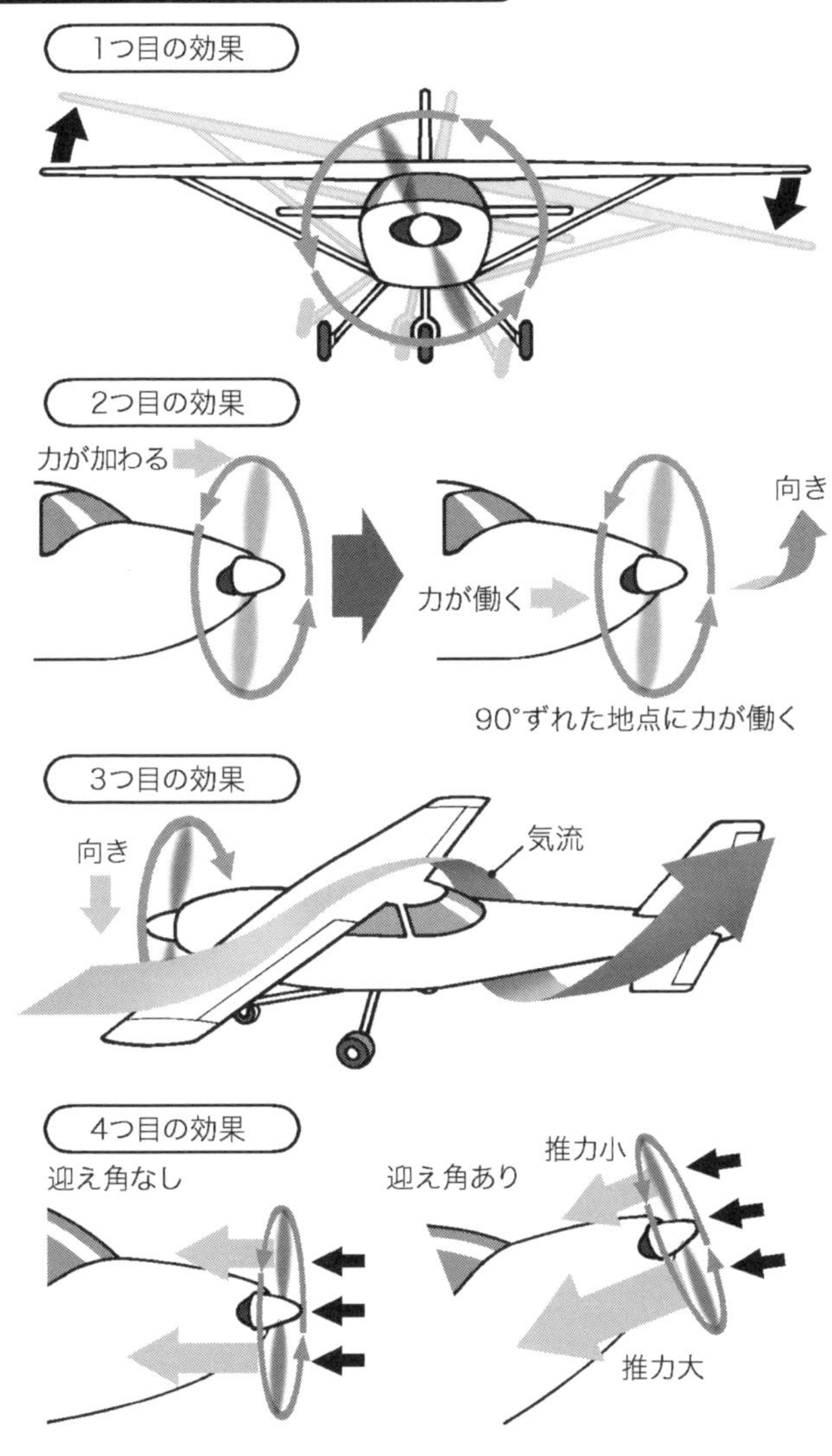
プロペラ機で生じる4つの力(効果)
1つ目の効果
2つ目の効果
力が加わる
向き
力が働く
90°ずれた地点に力が働く
3つ目の効果
向き
気流
4つ目の効果
迎え角なし
迎え角あり
推力小
推力大

きいほど、これらの効果は強くでる。

だから、とくにエンジン出力の大きな単発プロペラ機の操縦は難しい。現在は、スピードレーサーのような機体を除けば、プロペラ単発機で高馬力のものは少なくなったが、第二次世界大戦時のゼロ戦などの戦闘機の操縦は、かなり難しかったといえる。

ジェット機には、大きなプロペラがないので、プロペラの効果はほとんどない。だから、ずっと簡単なのだ。

学校でも習った 公理・定理・原理・法則… どう違う?

「ピタゴラスの定理」「パスカルの原理」などいろいろな定理や原理や法則があって、惑わされる。ピタゴラスの定理はなぜ定理であって法則ではないのか?　ベルヌーイの定理は、ベルヌーイの原理でもいいのではないのか?　こんな疑問も出てくるだろう。

いったい、公理、定理、原理、法則は、何がどう違うのだろうか?

まず公理から説明しよう。

公理（axiom）とは、証明できない、または証明する必要のない自明のものをいう。数学では無証明命題といわれる。科学的に「なぜ」と問われれば、実際はなぜなのか永遠にわからないが、当たり前の自然界の本質のようなものをいう。

我々が住んでいるこの宇宙が、このようにある理由なんて絶対にわからないが、「ともかくこうなっている」というようなものが公理である。

次に、定理（theorem）は、一般的命題として証明されたものや、公理に基づいて証明されたもののこと。ピタゴラスの定理、ベルヌーイの定理などがある。

原理（principle）は、物事を成り立たせる根本法則のこと。アルキメデスの原理、パスカルの原理、相対性原理、不確定性原理などがある。

法則（law、rule）は、一定の条件で必ず起こる関係性のことをいう。近代科学の発達とともに、法則はたくさん発見された。ニュートンの運動の法則、ケプラーの法則、フックの法則、ボイル＝シャルルの法則、ファラデーの電磁誘導の法則、オームの法則、ハッブルの法則など、中学高校で習うような法則がたくさんある。

方程式（equation）は、法則と同様の意味の言葉だが、あえて方程式と呼ばれるものもある。例えば、電磁気学のマクスウェルの方程式、流体力学のナビエ＝ストークス方程式、量子力学のシュレーディンガー方程式、ディラック方程式、アインシュタインの重力方程式などだ。

物理定数（physical constant）は、自然界の本源を表す数だ。光速（c）、万有引力定数（G）、アボガドロ定数（N_A）、プランク定数（h）、ディラック定数（$\hbar=h/2\pi$）などが代表的なものだ。

こう見てくると、定理・法則・定数などを見るだけで科学が理解できそうになってくる。ところで、日本語訳はけっこう混乱しているようで、ベルヌーイの定理は、英語ではBernoulli's principleであるが、なぜか原理ではなく定理と呼ばれている。

天気予報は、予想ではない？ 予報・予想・予知・予測の違いとは？

天気予報といえば、指し棒をもって天気図を指さす、お天気姉さんをイメージする人も多いだろう。お天気キャスターには、気象予報士の資格をもっている人が多いが、気象予報士のことを気象予測士とか気象予知士とはいわない。

また、天気予報というものの、コンピュータで計算して出した24時間先の天気図は、予想天気図という。予報天気図ではない。

また、予知という言葉から予知能力という言葉を連想し、オカルト的なにおいを感じて嫌う人もいるだろう。でも、地震予知とか火山噴火予知という言葉は使われている。

いったい、予報、予想、予知はどこが違うのか。類似語に、予期、予見、予断という言葉もある。

まず予報（forecast）から。

あらかじめ知らせておくことをいう。天気予報がその代表だ。

次に、予想（forecast）は、データをもとに、未来の状態を推測することをいう。予想天気図は、現在の気象観測データから24時間先や48時間先の天気を計算によって予想するから予想天気図という。相場の予想、競馬の予想も、データをもとに将来の可能性を知らせるので予想だ。競馬の予報ではおかしいし、競馬の予知では怪しすぎる。

予知（prediction）は、未来のことを前もって知ることをいう。地震予知、火山噴火予知などと使われる。地震予知は英語では、earthquake-prediction。学術的にも通用している言葉だ。なぜ、地震と火山噴火は「予知」なのだろう。やはり、天気予報よりも確度が低いことを認めているのだろうか。

予測（prediction）は、予想と同じく、将来の状態を前もって推測することだ。予測のほうが予想よりも、データに基づく客観性の度合いが高い。

このほかに、予期、予見、予断がある。

予期（expectation）は、将来の出来事に期待感をもったり、待ち受けたりするイメージ。「予期せぬ敗北」などと使う。予見（foresight）は、未来を予想することだが、予期よりも感覚的な部分が多い。「未来を予見する」などと使う。予断（prediction、prejudgment）は、前もって判断すること。「予断を許さない事態」などと使う。

類似の言葉を科学で見てみるのも、けっこう面白いものだ。

「パイロットの錯覚が原因で飛行機が落ちる」とは、どんな現象か？

橋の上から川の流れを見ていると、自分が流れとは反対の方向に動いているように感じることがある。

また、駅のホームに停車している電車に乗っているとき、隣の車線の電車が動き出すと、自分の電車が動いているように感じることもある。これは誘導運動と呼ばれるもので、錯覚の一種だ。

自分が止まっているのか、目に見える外界のものが止まっているのか、この判断はときどき狂う。音の変化や加速度の変化など、ほかの感覚からの情報があれば、錯覚しないのだが、そういうものがないと脳が勘違いしてしまう。

例えば、雲のなかを飛行機が機体を傾けて旋回しているとき、バランスのとれた正確な旋回を続けていると、旋回から水平姿勢に戻したとき、逆の方向に傾いているように感じることがある。そこで、うっかりバンク（機体の傾き）を戻そうとすると、バランスを崩して事故になる場合がある。

安定した旋回によって体内のセンサー（耳石（じせき））が安定した状態になると、旋回姿勢を水平姿勢と勘違いしてしまうのだ。これをコリオリの錯覚という。

また、地平線付近に雲があって、雲の列が斜めになっているとき、この斜めの線を地平線と思い込んで、飛行機を傾けていって事故になることがある。

もっと凄いのは、夜間飛行で街の灯りと空の星を勘違いして、飛行機の姿勢を背面飛行状態にしてしまうというものまである。

こういうものをまとめて空間識失調（バーティゴ）という。

よく、パイロットがＵＦＯを目撃したという話があるが、こういう話の大半は、風防ガラスに反射した機内のライトの反射か、風防ガラスの傷かゴミが見えていて、飛行中は目の焦点を遠方に合わせているため、ライトの反射や傷を未確認物体と認識する。

こういうときは、どうすればいいかというと、顔を左右上下に動かすことだ。視点を変えて「新たな情報」を入れることで、錯覚に気づくことができる。顔を動かせば、ターゲットが近くにあるものか遠くにあるものか、たちどころにわかる。

訓練時代には、「頭を回せ」としつこく教えられるが、これは外の見張りをしっかりやれということのほか、できるだけ多くの情報を取り入れて、勘違いをなくせという教えでもある。

科学の目で見ると、ゼロ戦は特攻機として失格だった理由

第二次世界大戦中に、カミカゼと連合国軍に恐れられていた神風特別攻撃隊。パイロットの命を粗末にするもので、人道上問題があったのは当然のことながら、科学技術の面から見ても間違いがある。

それはゼロ戦を特攻機として使ったことだ。ゼロ戦は空中戦のために開発された機体で、小さな旋回半径でクルクル回る運動性の良さを主眼に設計されている。そのために、主翼の面積

は大きく、揚力を生みやすい形になっている。

特攻するときは、急降下で敵艦めがけて突っ込むが、このとき、重力に引かれて加速する。速度が速くなれば揚力が増える。翼面積が増えれば揚力も増え、速度が2倍になれば揚力は4倍になる。

急降下して揚力が増えると機体はどうなるかというと、機首を上に向けようとする。パイロットは、必死になって操縦桿を押さえて機首を上げないように頑張っていたと思うが、あるところで、押さえきれなくなってしまう。こういう状況だから、敵艦めざしてまっすぐ飛ぶのは難しい。

しかも、高速で突っ込んでいるときに、風の力に負けて操縦桿を緩めると、機首が急激に上を向く。すると、大きな荷重がかかって、場合によっては操縦桿を動かせなくなる。こうなると、十分な引き起こしができないまま、海面に激突してしまう。

もしも急降下で突撃したいなら、主翼の付け根から角度を変えて、揚力が生じないような構造にしなくてはならない。

また、飛行機には設計上の制限速度がある。これ以上の速度で飛ぶと構造上の強度が保証されないという速度だ。その速度に近づくと（速度計では黄色のラインが入る）、ほとんど舵を切れない。ちょっとでも大きく切ると舵が吹き飛ぶ。さらに加速して、速度計の赤いラインに達すると、3秒程度で飛行機は破壊されてしまう。
これを防ぐには、機体の強度を上げればいいのだが、重くなって飛べなくなる。
特攻そのものが人道的に間違いだが、ゼロ戦で特攻をさせたのも間違いだった。

3章
地球環境のトピックスは誰もが無視できない

温暖化や気象、資源エネルギー…の知識は
ビジネスに直結する重要テーマだけに
「知らなかった」では格好がつかない。
タイムリーな話題をさりげなく振って
相手の心にスルっと入り込もう！

石油埋蔵量が「初めて減った」とはどういうことか？

「石油はあと40年でなくなる」。これは筆者が小学生の頃の1960年代からいわれていたことだ。あれから40年。いまも同じようにいわれている。

「石油って、まだまだあるんじゃないか。節約する必要もないし、原発に頼ることもないのでは？」……自然とこういう疑問が出てくる。

ところが、「BP統計」が発表した2015年末の石油埋蔵量は、ここ25年間で初めて前年比で減少したという。ということは、埋蔵量はこれまで増え続けていたということだ。いったいどういうことか？

石油は採れる地域が限られており、中東やアフリカ、南米の産出国で、石油輸出国機構（OPEC）という組織をつくり、原油の産出量を調整して価格を決めている。また、石油メジャーと呼ばれる一部の巨大多国籍企業の影響も大きい。

このように科学技術とは縁遠い政治的な理由で「可採年数」や「価格」が変化しているのだ。

確かに、原発推進のためという理由もあるだろう。とりあえずそういった思惑は脇に置いて、科学的な見地から見てみよう。

まず、石油の絶対的な埋蔵量はわかっていないということがある。石油は数億年前に地球上に生息した生物の遺骸（いがい）が、長い年月をかけて地下深くの高温と高圧によって変質したものだ。石油は、一般に地下数千メートルという深い地層にあり、また調査のしにくい場所や海底などにあるので、正確な埋蔵量はわからない。

一般に埋蔵量と呼ばれているものは正確には可採年数だ。これは技術の進歩によって変わってくる。技術の進歩とともに、それまで採掘が困難だった場所でも採れるようになる。近年におけるその代表が、シェールガスやシェールオイルである。これは地下深くの頁岩（けつがん）の層に含まれている天然ガスと石油で、従来は採掘が困難だったが、技術の発達で可能になった。

シェールガスの開発によって、石油の可採年数は１５０年を超えるといわれ、化石燃料枯渇（こかつ）の心配は当分なさそうだ。

ところがここにまた難題が持ち上がった。なんと原油価格が下がってしまったのだ。その結果、採掘にコストがかかるシェールガスの計画は停滞している。せっかくの科学技術も、政治と経済の壁にはなかなかさからえない。

113番目の元素「ニホニウム」の名に秘められた日本人の知られざる業績とは？

元素の周期表に、日本人がつくり出した元素が記載されることになった。原子番号113番の元素「ニホニウムNh」である。理化学研究所の森田浩介博士らの研究チームが2004年に実験室でつくり出したものだ。

つくり方は、けっこう力ずくだ。亜鉛の原子核を加速器で加速し、ビスマスの原子核にドカンとぶつけて融合させるというものだ。

亜鉛原子核の陽子は30個、ビスマス原子核の陽子は83個。このふたつが融合すると、陽子の数が113個の新元素ができ上がるというわけである。

しかし、ただ、ぶつければいいというものではない。原子核の大きさは1兆分の1センチメートル。ぶつかる確率も低い。そこで亜鉛原子核の集団をビスマス原子核にぶつけまくった。続いて、できた元素が113個の陽子をもつことを確認しなければならない。これには、原子核が陽子2個と中性子2個を放出して別の元素に変わるアルファ崩壊という現象の確認によっ

ニホニウムの作製のプロセス

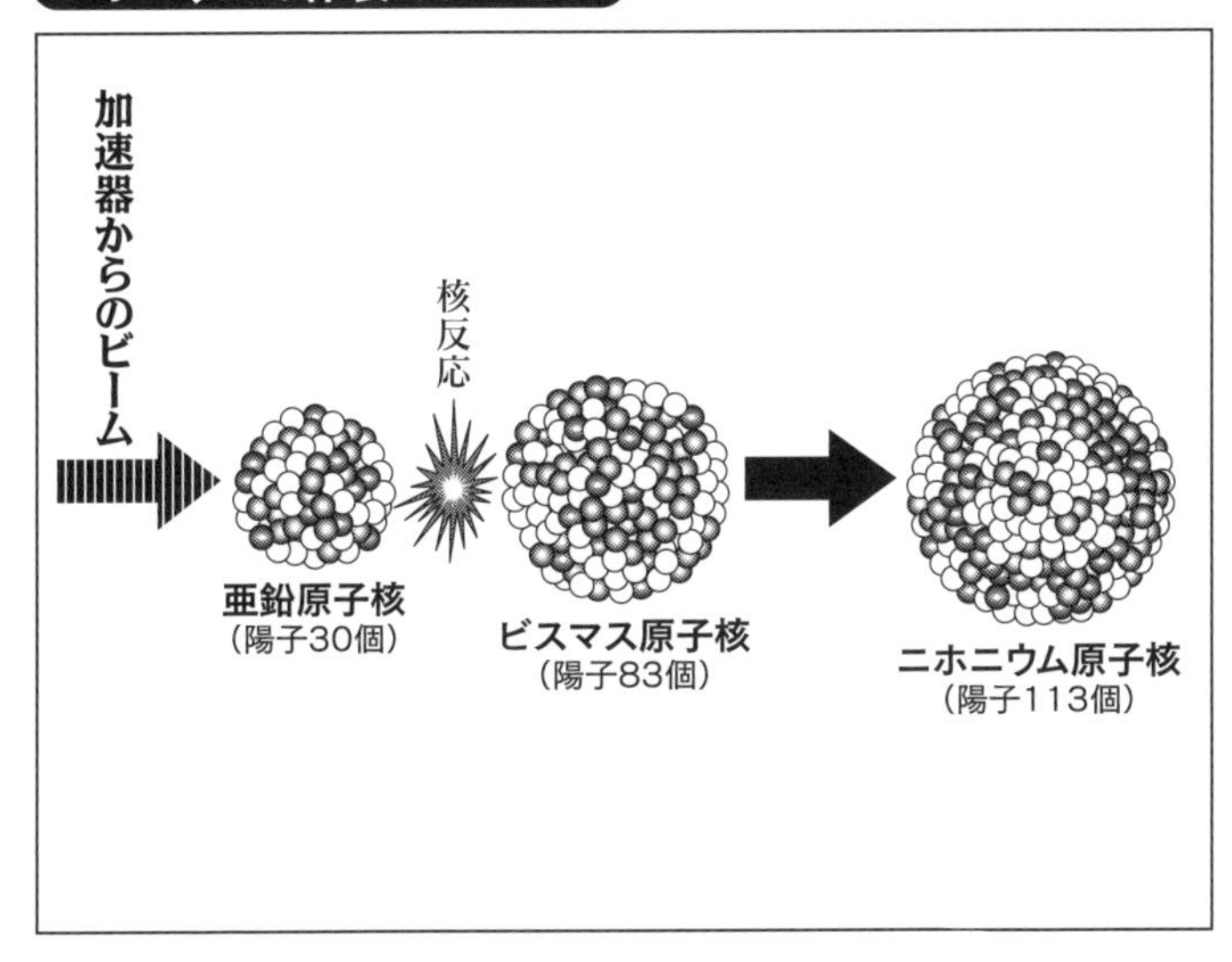

て行なわれた。

このような実験を根気強く繰り返して、ようやく２０１５年になって、国際純正・応用化学連合（ＩＵＰＡＣ）に認定され、同研究グループに命名権が与えられた。

元素の命名は、これまで米欧露で占められていて、日本発の元素名が周期表に入ったのは初めてである。

元素名については、いろいろな案が出された。多かったのは「ジャポニウム」。残念ながらこの名前は却下となった。侮蔑（ぶべつ）的なニュアンスのある「ジャップ」を連想させてまずいのだそうだ。

また、ニッポニウムじゃなくて、なぜニホニウムか、という疑問もある。

実は、ニッポニウム（Ｎｐ）という名称は、

1919年から9年間、東北帝国大学の総長を務めた小川正孝博士が、1908年に発見したとされる元素に、一時つけられていたのだ。だったら、今度の新元素も小川博士に敬意を払って、ニッポニウムでもいいではないか？

しかし、IUPACの命名規則では、一度つけた名前は仮のものであったとしても、混乱を避けるため、使えないのだ。残念！

昔はめったになかった「ゲリラ豪雨」が近年急に増えた事情とは？

ゲリラ豪雨とは、局地的集中豪雨のことだ。突然降り始めて短時間でやむ、猛烈な豪雨だ。まるでゲリラに襲われたような感じだからゲリラ豪雨という。そもそもゲリラという言葉は死語に近いので、簡単に説明しておこう。

ジャングルや砂漠に潜んだ武装した少人数の兵士が奇襲をかけてくる戦法をゲリラ戦法といい、それを行なう兵士をゲリラという。パレスチナ解放機構（PLO）のアラブゲリラなどが有名であった。

さて、ゲリラ豪雨という言葉が使われるようになったのは、2000年代に入ってからという説もあるが、正確にはよくわからない。気象庁の定めた正式の気象用語ではないが、イメージがわきやすいので、マスコミの記事や天気予報でよく使われるようになった。

そのゲリラ豪雨（局地的集中豪雨）は、近年とみに増えているような印象がある。気象庁の『「アメダス」1時間降水量80㎜以上の年間発生回数』（1000地点あたりに換算）というデータを見ると、1975年から2015年までの間、集中豪雨が少し増えているが、極端な増加ではない。このデータを見ると、温暖化の影響というわけでもなさそうだ。しかし、実際にゲリラ豪雨が増えているという印象は確かにある。

ゲリラ豪雨の原因は、ヒートアイランド現象などの都市化の影響も大きい。コンクリートやアスファルトで覆われた部分の面積が増え、緑地の少なくなった都市中心部は、熱を吸収しやすく、日射によって急速に気温が上昇する。

気温が上がると地上付近の空気が暖められて上昇気流ができる。東京のように海が近いと水蒸気を大量に含んだ空気が流れ込んできて、それが上昇するので、積乱雲ができる。

上昇気流に水蒸気量が多く、上空に寒気があると、上昇気流はどんどんと高くまで上り、塔状（とうじょう）積雲や積乱雲をつくる。そして、あるところまで発達すると、一気に猛烈な雨を降らす、といった具合だ。

とくに、搭状積雲は、塔（タワー）のように縦に細長く高く伸びる。また、積乱雲は、複数のセル（細胞）に分かれて発達する。ひとつのセルの範囲は狭いので、そこで集中的に雨を降らせることがある。

ゲリラ豪雨が増えているように感じるのは、温暖化の影響かどうかはよくわからないが、ヒートアイランド現象の影響だけは確実にあるだろう。

迷走したり、直角に曲がったり… 台風を移動させるエネルギーの正体は？

２０１６年8月19日に、八丈島（はちじょうじま）の東方で発生した台風10号の迷走ぶりは異様だった。少し北上した後、なんと南西方向に針路を変え、南大東島の南でしばらく停滞した後、26日になって北東に針路を変えて小笠原諸島へ。そこで、今度は針路を北北西に変え、岩手県大船渡（おおふなと）市付近に上陸し日本列島を南から北へ縦断し日本海へ抜けた。迷走台風はけっこうあるものだが、これだけクルクル回った台風はめったにない。

しかし、そもそも台風ってなぜ動いていくのだろう。教科書的に説明するなら、周囲の風の流れにのせられて動くということだ。

高気圧から吹き出してくる右回りの風（北半球の場合）によって高気圧の縁（へり）に沿って動いたり、偏西風（115ページ参照）に流されて動いたりする。高気圧の西側には、高気圧から吹き出してくる南からの風が吹いている（北半球の場合）。この風はあまり強くないので、これにのってゆっくり北上し、中緯度付近の偏西風にのると速度を増しながら、北東方向に進むことが多い。偏西風は秒速30メートル以上の速い流れである。また、偏西風は南北に大きく蛇行することがあるので、台風はこの風に流される。

猛烈な渦巻く低気圧である台風でも、高気圧をつっきって進むことはほとんどない。偏西風にさからって移動することもめったにない。では、なぜ台風10号は、常識では考えられないようなコースをとったのだろうか。とくに、日本列島付近で南西方向に進むなんてほとんどありえないコースなのだ。

ひとつの原因は、高気圧の張り出し方が特異だったことだ。最初は太平洋高気圧が弱く、一方で中国大陸方面からの高気圧が東に張り出してきたので、この高気圧の東側の縁に沿って、台風は南西へ向かった。その後、太平洋高気圧が日本の日本列島のほうに張り出してきたので、その高気圧の縁を吹く南西の風にのって、台風は北東に向かったようだ。さらに偏西風も弱かったので、台風は行き先を失って迷走したのだ。

コリオリの力とベータ効果

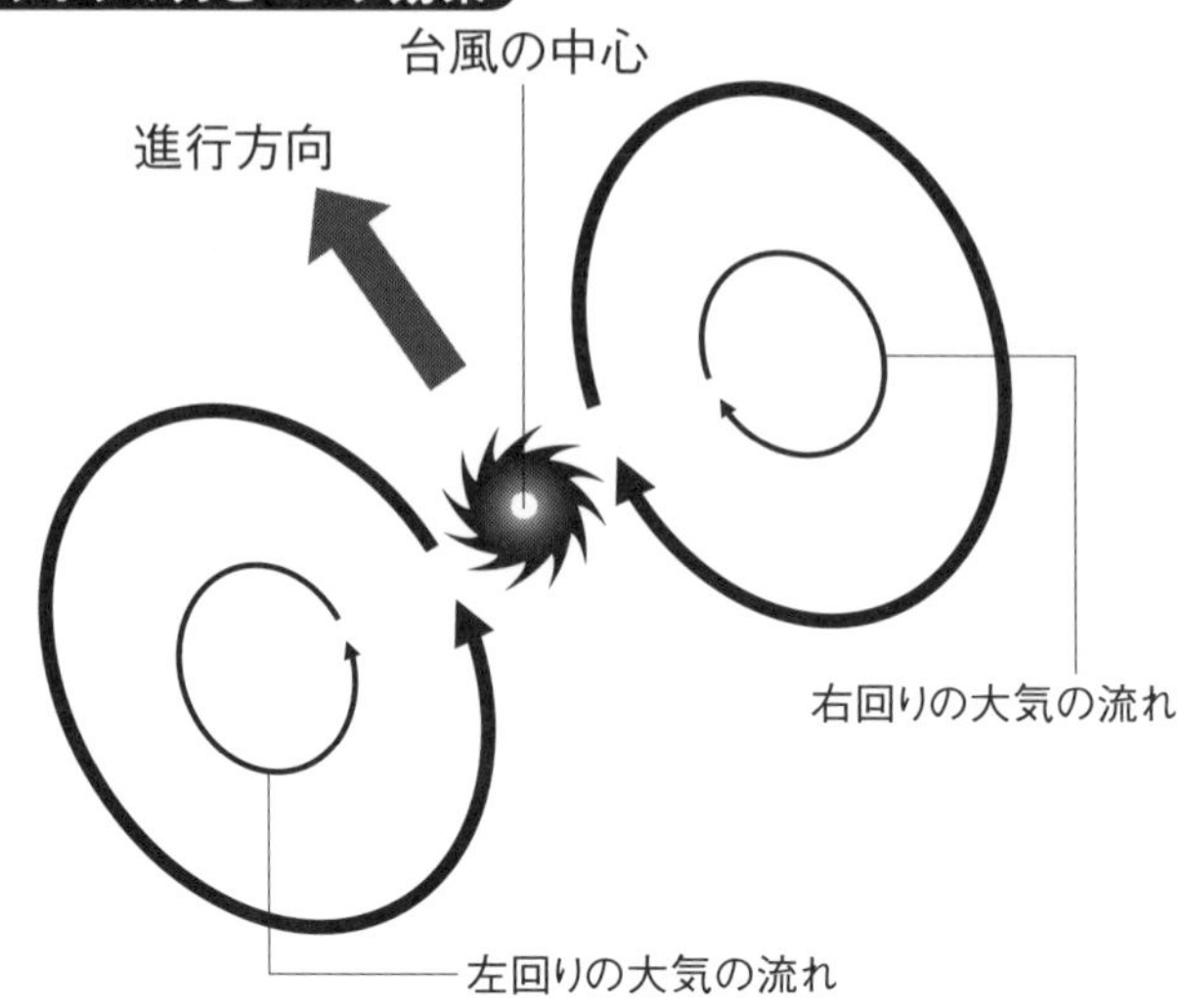

気象研究所・山口宗彦氏の論文をもとに作成

実は台風には、もうひとつ、自律的に動くメカニズムがある。それはベータ効果というものだ。地球の自転に起因するコリオリ力の影響によって、台風の渦の東側に右回りの渦の循環（要するに風）、西側には左回りの渦が生じる。

この結果、台風は北西方向にゆっくり進む。小笠原諸島の南方やフィリピンの東の海上で生まれたばかりの台風がゆっくり北ないし北北西方向に進むのはこの効果によるものだ。もちろん、低緯度地方で吹いている偏東風に流されている場合もある。

このベータ効果は弱いので、大気の大きな流れに遭遇すると、そちらの影響のほうが勝り、それにのって北上したり、北東に進んだりするのである。

地球は本当に温暖化してるのか？　寒冷化という説もあるが、いったいどっちが正しい？

真夏日（最高気温が30℃以上の日）や猛暑日（同35℃以上の日）が続くと、「地球温暖化だ、異常気象だ！」と感じ、たまたま寒い日が続くと、「温暖化は本当なのか、もしかして寒冷化するの？」と思ってしまう。いったい、どちらが本当なのか。

「気候変動に関する政府間パネル（ＩＰＣＣ）」が発表した気候変動に関する報告書に記載されたデータを見ると、あきらかに地球は温暖化している。

世界中の専門の研究者の大多数が一致して認めているのだから、温暖化していることは間違いないだろう。

ただ、この先どうなるかはわからない。ＩＰＣＣの第5次評価報告書（２０１４年）によると、今世紀末の世界の平均気温は、最大で４・８℃上昇するという。この数字を見ると、「たいへんだ！」と思ってしまうが、報告書では温暖化対策のシナリオごとに将来を予測している。４・８℃も上がるというのは、温暖化対策を何もしなかったときの最大の数値だ。この最悪のシナリオでも、予測幅は+2・6～+4・8℃の範囲としている。一方で、最も強力な対策を行なった場合は、+0・3～+1・7℃。平均で1℃の上昇と予測している。

もちろん1℃平均気温が上がっても、気候は変動し、生物の生態系にも影響はあるが、それほどの影響はないだろう。同報告書では、1880年から2012年の132年間に、世界の平均気温が0・65～1・06℃上昇したという。1℃ほどの上昇であるが、明治の初めと現在を比べて、気候が異常なくらい大きく変わっただろうか。

テレビなどのマスコミは、今世紀末に最大4・8℃上昇した場合という前提で、派手なCGを使って、スーパー台風・豪雨・洪水を取り上げる。これを素直に警告と受け止めればいいのだろうが、少し大げさすぎる気もする。

温暖化に対して、地球は寒冷化するとみている科学者もいる。地球の気温は太陽に大きく影響される。

地球にある熱の大半は太陽からの熱エネルギーによるものだ。その太陽の活動がやや不活発になっている。それは黒点数の減少に表れている。それと同時に、太陽磁場にも異変が起こっている。太陽の北半球と南半球にそれぞれ、N極とS極ができた4極構造になっているという。

このような太陽活動の低下は、地球が寒冷化した時期として知られるマウンダー極小期（17世紀後半）、やダルトン極小期（19世紀初め）と似た状況ともいわれる。

太陽活動が不活発になると、地球の周囲の磁気圏が弱くなり、宇宙線が高層大気に入り込みやすくなる。大気圏に入ってきた宇宙線は漂っている微粒子を帯電させ、それが核となって雲が増える。

雲が増えれば太陽光線が遮（さえぎ）られ、地球は寒冷化する。この説は、デンマークの物理学者ヘンリク・スベンスマルクが提唱している。まだ、学術的に確実に証明されたわけではないが、これもまた説得力のある説ではある。

結論からいえば、地球は数万年スケールで見れば、温暖化と寒冷化を繰り返している。さらにそのなかで数百年レベルで寒暖の変動があるということだ。どちらになっても対処できるような対策は必要なのであって、ただ「暑い」「寒い」という情緒的な判断で騒ぐのはよろしくないということではないだろうか。

異常気象の原因といわれる偏西風の蛇行はなぜ起こるのか？

テレビなどで、異常気象が多いとよくいわれる。極端な夏の猛暑に冬の寒波、あるいは季節

偏西風が蛇行する仕組み

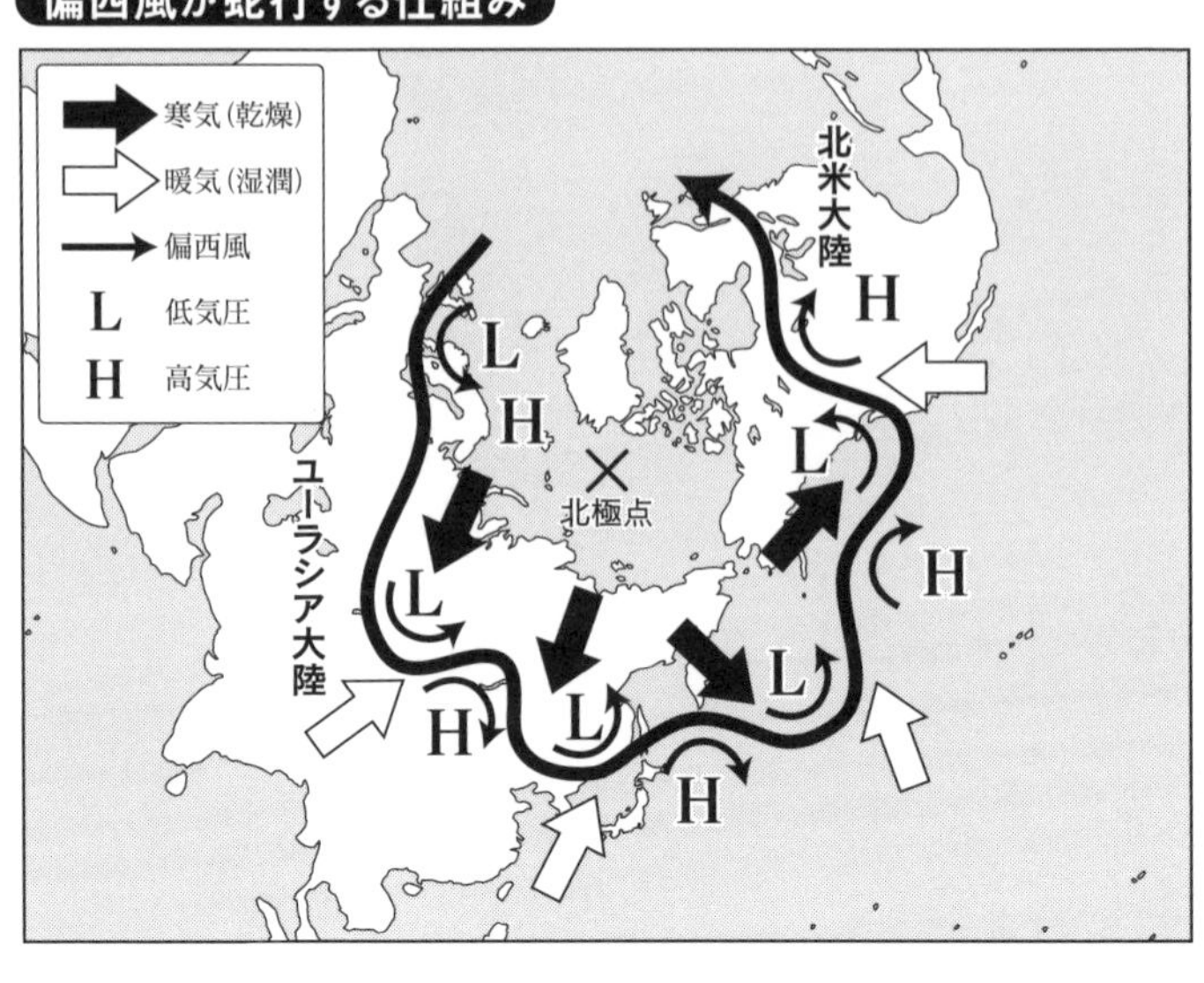

はずれの暑さや寒さ。異常気象は、過去30年間の平均を大きく逸脱した気象現象をいう。気象庁では、異常気象を「同一地域・同一時期で過去30年間に1回以下発生する現象」と定義している。

しかし、人間は感覚の生き物なので、ちょっと暑い日が続くだけで、「猛暑だ、異常気象だ」と騒ぎがちだ。しかし、世界各地の天気を注意深く見てみると、あるところで猛暑のときは、別のところで冷夏だったりする。アメリカ東海岸が豪雨でも、西海岸は干ばつということもよくある。

これは、地球全体の熱収支は常にほぼ一定であるからだ。熱エネルギーが地球全体で平均化していれば、年中平均気温が15℃プラスくらいで適度に湿潤になるのだが、一方が高くなれば、他方で低くなり、大気全体の熱エネルギーの量はほとんど変わらない。これが地球の熱収支だ。

しばしば異常気象と呼ばれる、地球規模の天候のバラツキの原因のひとつが偏西風（へんせいふう）の蛇行である。もちろん、山・砂漠・海など地域的な原因もあるが、ここでは、地球全体のことを考えてみよう。そもそも偏西風はなぜ蛇行するのか。

その前に偏西風について、簡単に説明しておこう。偏西風は、亜熱帯地方から極地方の上空にある、強い西風の帯である。偏西風のことをジェット気流ともいう。幅100キロメートル、厚さ数キロメートル、長さ数千キロメートルほどの大きさで秒速30メートル以上の強風軸をもつ。高さは、対流圏と成層圏の境目にある圏界面の直下。地上から10〜14キロメートルくらいの高さにある。風速は、冬季には秒速100メートルを超えることがある。

強風軸は細長いが、その周囲にひどく気流の乱れた部分をつくる。そこに飛行機が入ると揺れる。これが乱気流である。

このジェット流には、亜熱帯ジェット気流、寒帯前線ジェット気流などがある。なかでも、寒帯前線ジェット気流は、夏には北緯45度〜50度付近まで北上し、冬には北緯30度付近まで下がってくる。これが、時として大きく蛇行して、天気の地域的変動をもたらすのだ。

この蛇行の原因は、地球表面が日射などによって、まばらに暖められることだ。雲があれば日射が遮られ、地上が陸地と海洋では比熱・熱容量の違いから吸収される熱・放射される熱の量が異なる。その結果、場所によって気温のばらつきができる。暖かくなった場所の空気は上昇し、冷たい場所の空気は下降して、大気の循環が起こる。つまり、地球全体の熱収支を平衡にしようと、自然に大気が動き始めるのだ。

こうして、ジェット流、つまり偏西風は南北に蛇行を始める。南側に大きく蛇行すると、その後ろ側には北から寒気が下りてくる。北に大きく蛇行すると、その前面に南から暖気が上がってくる。

また北へ蛇行する部分の内側には左回りの回転、すなわち低気圧性の回転が生まれ、南に蛇行する部分には右回りの流れ、つまり高気圧性の回転が生まれる（北半球の場合）。高気圧・低気圧はこうして生まれる。

このようにして、熱と水蒸気が南北に移動し、高気圧や低気圧が生まれることで天気の変化が起こる。蛇行が大きいほど、気象の変化も大きくなる。ある地域で極端に寒冷になって、少し離れた場所で高温になるのは、このためだ。

異常気象とはいっても、一地域だけを見ていると異常かもしれないが、地球全体を眺めるとけっこう自然なことなのである。

「時間のズレで山の標高差がわかる」とはどういうことか？

「山の高さを時間で測る」……さて、これはいったいどういう意味だろう。これは、きわめて正確に時間を測定できれば、高さのわずかな違いがわかるという話だ。

光を使って標高を測ることは、すでに航空レーザー測量が行なわれている。航空機からレーザー光を地上に向けて発射し、その反射が戻るまでの時間から距離を測る。航空機の高度が正確なら標高も正確にわかる。誤差はプラスマイナス15センチメートル程度。

ここに新しい手法が登場した。2016年8月、東京大学、理化学研究所、国土地理院の研究チームは、光格子時計（ひかりこうしどけい）を使って、標高差の精密な測定に成功したと発表した。この研究のキモは、宇宙の年齢である138億年たっても1秒しか狂わない超高精度の時計と、アインシュタインの一般相対性理論だ。いったい、どういうことか？

一般相対性理論によると、重力が強い場所では、重力の弱い場所より、時間がゆっくりと進む。高度による重力の変化はごくわずかだが、それを測定することができれば、時間の進み方

時間のズレと標高差

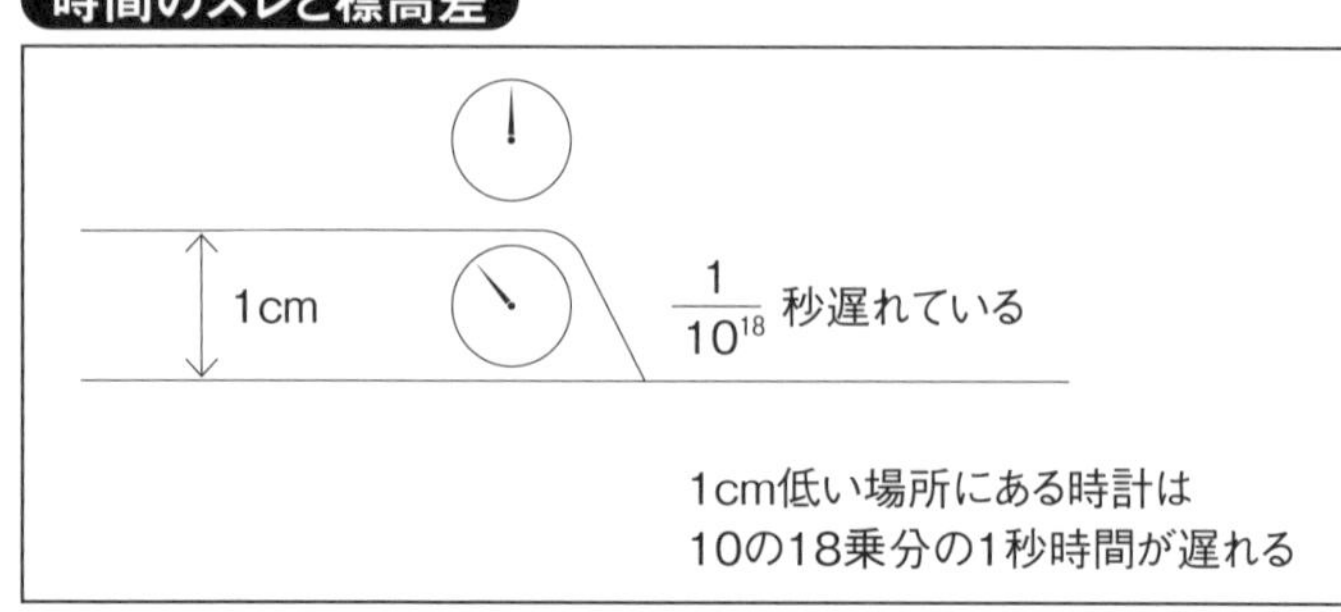

の差から標高が計算できるという仕組みだ。1センチメートル低いところにある時計は、10の18乗分の1秒ほど時間が遅れる。

研究チームは、時間を精密に測定することで、重力の差を導き出し、その数値から高度差を計算した。このとき、精密な時間の基準になったのが、東大の香取秀俊(かとりひでとし)教授らが開発しているストロンチウム光格子時計だ。

現在、時間の基準として、10万年に1秒のズレというセシウム原子時計を使っているが、光格子時計は、もっと正確だ。光格子時計とは、ある波長のレーザー光を干渉させてつくった数多くの微小な空間に、原子を入れて、多くの原子の振動数の平均から正確な時間を測るものだ。原理的には、宇宙の年齢(138億年)が経過しても狂いは1秒程度という。

この光格子時計を、埼玉県和光市(わこうし)の理化学研究所に2台、東京・本郷の東大に1台設置して、2地点の時間の進み方を比較した。その結果、理研と東大の標高差は、15・16メートルとわかった。これは、国土地理院の測量データと比べて、約5センチメートルの誤差だった。

光格子時計という大がかりで高価なものを複数台設置しなければならず、リアルタイムで標高差がわかるわけではないので、これを火山噴火予知など実用的に使えるようになるには、今後の研究しだいだが、相対論と光格子時計という最先端の超精密時計を使って、こんなことまでできるというのは、科学好きな人にとっては刺激的だろう。

「2億5000万年後には日本が超大陸になる」は本当なのか？

大陸は移動している。1912年に、ドイツの気象学者アルフレート・ヴェーゲナー（1880～1930）が提唱した説だ。地球上の大陸が、数百万年から数億年という長い年月の間に移動するという説である。

現在は、地震のニュースなどで、プレートが移動しているという話をよく聞くので、大陸は動くものだということは広く知られていると思う。

しかし、ヴェーゲナーが大陸移動説を唱えた頃は、まだプレートや地殻の構造や動くメカニ

2億5000万年後の世界

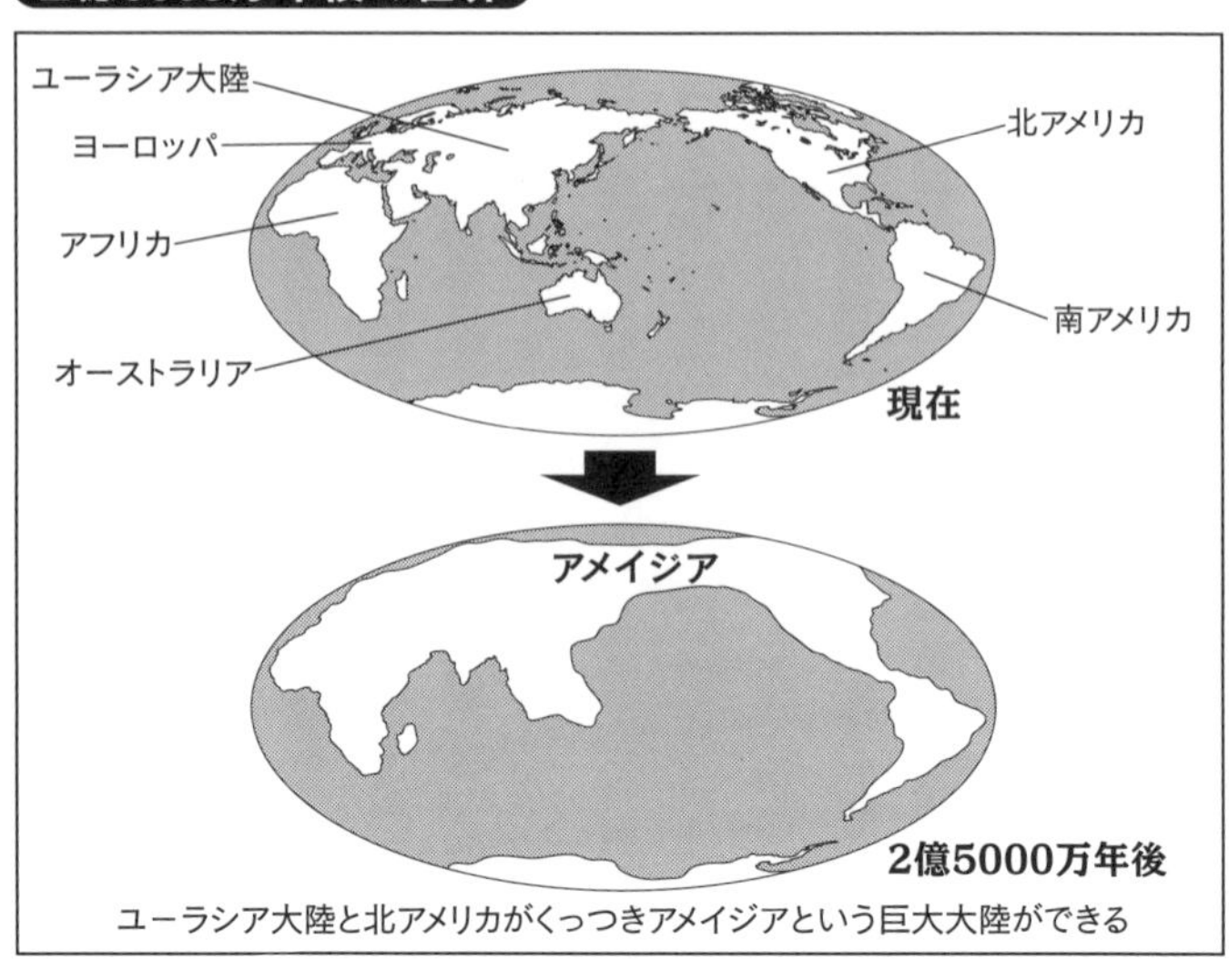

ユーラシア大陸と北アメリカがくっつきアメイジアという巨大大陸ができる

ズムがわかっていなかったので、専門家にもなかなか受け入れられなかった。

戦後になって、地球の表皮にあたる「薄い」プレートがマントル対流にのってゆっくり流れているというプレートテクトニクス理論が登場し、ヴェーゲナーの大陸移動説は、学会でも認められることとなった。

それでも、大陸や島が『ひょっこりひょうたん島』のように動いているというわけではない。海に浮かんでいるのではなく、マントルの上に張り付いているのだ。

そもそもプレートというのは、地球表面の厚さ100キロメートル程度の岩盤である。100キロといっても、地球の半径が、6378キロメートルだから、その64分の1くらいしかない。プレートの下に、マントルという層がある。正確には、深さ670キロメートルまでを上部マントル、2900キロメートルまでを下部マントルという。

マントルの内部には、地球の奥深くから表面近くまでマントル対流という対流があり、これがプレートの下まで来ると、横方向に目に見えない非常にゆっくりとした速度で動く。

プレートの数は、全球で14～15個程度。日本周辺には、北米プレート、太平洋プレート、ユーラシアプレート、フィリピン海プレートがあり、これらの境界付近で地震が多発し火山がよく噴火する。

さて話は戻るが、ヴェーゲナーの大陸移動説によると、2億5000万年くらい前の古生代後期には、パンゲアと呼ばれる巨大大陸があって、それが分裂し移動して現在の姿になったという。

古生代といえば、5億4000万年前から始まり、初期にはカンブリア爆発といって、多数の生物が一気に登場した時代でもある。陸にはシダ類が栄え、水中には三葉虫やオウム貝などが栄えていた。この生物たちも、いまから2億5000万年前になると大絶滅を迎えた。おそらく大陸移動による気象環境の変化が原因なのだろう。

6500万年前には、恐竜が絶滅したことがわかっているが、これは、メキシコ湾に落下した直径10キロメートルの隕石がまきあげた塵(ちり)によって気温低下が起こったことが原因であるといわれている。

では、プレートが動いているなら、将来はどうなるのか？　科学者は、プレートの動きを解析し、未来をシミュレーションしている。それによると、いまから2億5000万年後には、再びひとつの巨大大陸に戻るという。

ユーラシア大陸と北アメリカがくっつき、ひとつの大陸になってしまう。この大陸をアメリカという言葉とアジアという言葉をくっつけて「アメイジア」と呼ぶのだそうだ。その頃、人類は地球上にはもういないだろうが……。

「オーロラから音が聞こえる」…ありえない現象のメカニズムがわかった！

オーロラ――それは極地方の上空100キロメートル以上もの高さでゆらめくように動く神秘的な光だ。ローマ神話の曙（あけぼの）の女神アウロラにちなんで名づけられた。

北極や南極に近い高緯度地方でしか見られないだけに、余計に神秘性と憧れが増すというものだ。

オーロラは、太陽活動が活発なときに、太陽から飛んでくる荷電粒子（電気を帯びたヘリウム原子核など）が地球の磁気圏のなかに入り込み、高空の薄い大気中の酸素や窒素の原子とぶつかって光を発する現象だ。太陽活動の活発なときは、太陽風が強くなるのでよく現れる。また、極地方は磁場のバリアが弱いので、荷電粒子が入り込みやすく、オーロラは主に高緯度地方に現れる。

光を発するのは励起と呼ばれる現象のせいである。酸素原子や窒素原子に荷電粒子がぶつかると、電子がエネルギーを帯びてピョンと高い軌道に跳ね上がる。しかし、すぐに、元の軌道に戻る。戻るときに、吸収したエネルギーを光として放出するのだ。放出された光が、オーロラとして見える。

さて、昔から高緯度地方に住んでいる人たちから、オーロラからかすかな音が聞こえるという報告があった。シューシューという音が聞こえるというのだ。

励起された電子が光を発するときに音を出すとは考えにくい。荷電粒子が電子にぶつかったときに音を出すこともありえない。いったいどういうことなのか。

最近になって、この神秘的現象の謎が科学的に解明された。フィンランド・アールト大学のウント・K・ライネ教授は、２０１６年、この音は逆転層で起こる放電によるものだとつきとめた。

逆転層とは、63ページでも述べたとおり、上空で温度が少し高くなっている場所（空気の層）をいう。大気は、高度が高くなるに従って一定の割合で温度が下がる。教科書的にいうと、100メートルにつき0・65℃である。ところが、快晴の夜間には、地面の熱が空中に逃げていく。すると、地面付近が強く冷やされて、数メートルから数十メートルの上空に地上より暖かい空気の層ができる。これが逆転層である。

このとき、マイナスの電荷を帯びた空気も逆転層によって閉じ込められる。そこに太陽からやってきたプラスの荷電粒子が当たることで、逆転層のなかで放電が起こる。放電によって、大気がわずかに振動する。雷のような大規模な放電だと、空気が切り裂かれるような激しい音が出るが、粒子の放電なので空気に与える影響がかすかで音が小さい。この荷電粒子の放電の音が、シューシューというオーロラの音の正体だというのだ。

同教授によると、その高さは、70メートルあたりという。高度100キロ以上もあるオーロラなのに、ずいぶん低いところから音が出ていたものだ。この近さなら、かすかな音でも聞こえるだろう。

4章
ITに通じていれば必ず一目置かれる

明日を担う産業として、日々の仕事の
ツールとして外すことができない情報技術。
その将来像やメカニズムを語ることで
周囲から〝ビジネスを見通している人〟という
評価と信頼を得ることができる！

モールス信号から始まり、今日の大容量のデジタル通信を実現した技術とは？

豪華客船タイタニック号が活躍していた時代は、無線通信はモールス信号だった。ツートトト　トツーツーツー（ー・・・　・ーーー）という長音と短音の組み合わ符号をアルファベット、数字、記号に対応させて電文を送る。割り当てられた周波数で、たったこれだけの信号を送るのだから、優雅なものだ。それでも、昔は、音声で通信するよりも、帯域が狭くてすむところがメリットだった。しかも、混信しても音の高さの違いのため識別が容易だった。

無線通信は、ひとつの通信にひとつの周波数というのがずっと当たり前だったが、デジタル通信の時代になってから変わった。広い帯域に符号化した信号を拡散して通信するＣＤＭＡなどのスペクトラム拡散通信が普及していった。もともとは、盗聴されにくいために軍事用途で発達した技術だが、携帯電話などの移動体通信に採用され、民生用として大きくブレイクした。

このような通信方式を、多元接続方式といって、符号に分割する符号分割多元接続（ＣＤＭＡ）や時間で分割する時分割多元接続（ＴＤＭＡ）がある。ここまでは３Ｇと呼ばれる第３世代移動体通信だ。

現在は、4Gと呼ばれる第4世代になっている。通信規格はLTE、ロング・タイム・エボリューションの略だ。3Gよりも一桁速い100メガビーピーエス（Mbps）という、1秒間に100メガビットの伝送が可能だ。YouTubeのハイビジョン映像の伝送速度が3・5メガビーピーエスくらいだから、かなり余裕の広帯域だ。

ところで、デジタル通信で送ることができるデータ量には限界があることが、シャノンの定理で証明されている。これはアメリカの数学者クロード・シャノンが考案したものだ。ひとつの周波数で通信していたのでは、伝送できる量に限界がある。

その限界を破ろうとしたのが、冒頭に述べたスペクトラム拡散方式だ。LTEでは、さらに直交周波数分割多元接続OFDMAという方式を使っている。

これに加えて、デジタル変調方式で多重化し、異なる周波数帯を同時に用いるキャリアアグリケーションという方式を採用し、さらに、基地局を細かく配置したり、基地局・端末とも複数のアンテナを搭載させて、電波の強度を高めるなどさまざまな工夫が行なわれている。

その結果、受信時に最大で、225あるは370メガビーピーエスといった高速通信を実現している。

マルコーニが、モールス符号の無線電信に成功したのが1895年。タイタニック号が遭難した1912年は、まだ船舶の無線通信手段はモールス通信だった。

それから100年ほどで、この進歩だ。移動体通信はまだまだとどまるところを知らず、2020年頃には5Gのサービスが開始されるという。いったい、どこまでいくのだろうか。

イライラ警報を出して、喜怒哀楽が記録できるウェアラブル端末とは？

これからの超高度情報化社会のIT（情報技術）の「三種の神器」は、IoT、AI（人工知能）、ロボットの3つだ。

IoTはモノのインターネットと呼ばれ、あらゆるものを情報化してネットにつなぐ技術。AIは、IoTで収集した大量の情報を処理する頭脳。ロボットは、処理した情報を利用して具体的な行動を行なう。

超高度情報化社会では、「情報収集→情報処理→出力」と、社会全体がコンピュータのように機能する。そして、この3つを実現するための要素技術が数多くある。代表的なものが、ディープラーニングと呼ばれる人工知能技術とウェアラブル技術だ。

グラスタイプと腕時計タイプのウェアラブル端末

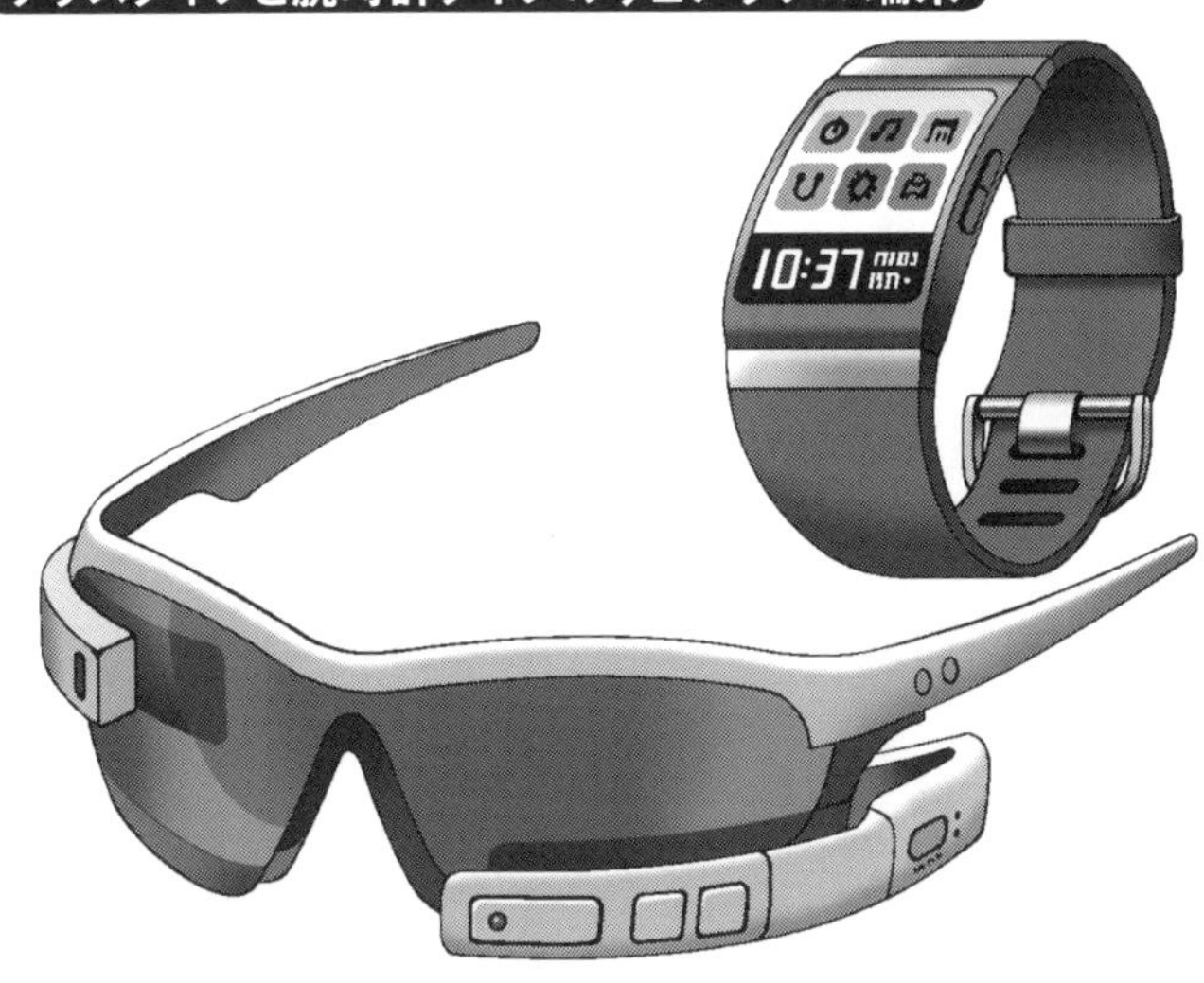

ディープラーニングは、認知科学の知見を取り入れ、脳の神経回路を模した情報処理を行なう。大量の情報から、特徴・傾向・パターンなどを抽出するビッグデータ解析や、画像・映像・音声ファイルから、写真に写っている人物や場所を特定する、パターン認識が得意だ。ディープラーニングについては、158ページで述べるが、ここでは、ウェアラブル技術について紹介しよう。

グーグルが一時期販売していたグーグルグラスや、アップルのアップルウオッチがウェアラブル端末の代表的なものだ。グラス（めがね）タイプのものは、各社から発売されており、業務用として普及が始まっている。ウェアラブルグラスは、目の前に情報を映し出す小さなディスプレイがついている。表示される情報は数メートル先に焦点が合うので、作業をしながら、情報を重ね合わせて見ることができる。

ＮＥＣは、腕に重ねてキーボードが仮想的に見えるようにし、そこに触れることで、キー入力できる装置を開発している。手を大きく動かさずに作業ができるというメリットがある。

もうひとつウェアラブルを代表するのが腕時計タイプのものだ。これは、肌に密着させていることを活かして、体温や血圧などの生体データを検知し、スマートフォンに送って体調をリアルタイムで管理したり、蓄積したデータから体調の変化傾向を把握することができる。

もっと面白いのが、感情の管理だ。だれでも、イライラすることがある。上司からの説教・お得意先のわがままにはだれもが苦しんでいる。しかし、そうそうイライラを顔に出すわけにもいかない。

そんなときに、喜怒哀楽（きどあいらく）の感じをさりげなく、ウェアラブルウオッチやスマホに表示して、バイブレータで注意を促してくれると、「怒るな、怒るなよ」という自戒にもなる。

なかなか面白い活用法だが、この分野はまだまだ進歩する。湿布薬のように肌に貼るだけで体温で発電しながら内蔵したセンサーで情報を収集してくれるインテリジェンスな「絆創膏（ばんそうこう）」の研究も進められている。衣類に埋め込む目立たないタイプも開発中だ。

自分の感情までも、機械に知られてしまうのは少し不愉快だと思う人もいるかもしれない。しかも、ネットに接続されてどこかに送られ、ビッグデータ解析（次項で解説）に使われているかもしれない。そう考えると、健康のためにはなるが、ちょっと複雑な思いにもなる。

ビッグデータから なんとインフルエンザの流行を 予見できる！

役に立ちそうもない断片的な情報でも、集めれば集めるほどノイズが減少し、役立つ情報が浮かび上がってくる。にわかに、こういわれてもピンとこないかもしれない。例えば虫食い状態の絵を思い浮かべてほしい。一枚一枚はリンゴの絵のごくわずかな部分しか描かれておらず、1枚を見ただけでは何が描かれた絵かわからない。しかし、何枚も集めて重ねて見ていくうちに、リンゴの絵が浮かび上がってくる――こんなイメージだ。

多くの情報を集めることで、社会の動き、経済の動きなどさまざまな変化のきざしをいち早く把握することができる。

データ収集の代表例が検索システムだ。ある事柄についての検索件数が増えれば、それについての関心が高まっているということだ。スマートフォンからの検索は、位置も正確にわかるから、ビッグデータとして集積することで、どの地域で変化が起こっているか、何時頃から変化が始まったのか、変化の傾向はどうか、といったことが手に取るようにわかる。

例えば、ヤフー検索では、検索ワードを解析してインフルエンザの流行のきざしをいち早く検知して注意を促している。「インフルエンザ　流行」「インフルエンザ　症状」「インフルエンザ　学級閉鎖」などのインフルエンザに関係する検索ワードの増加している地域では、インフルエンザが流行り始めているのである。

このように、検索ワードを活用すると、人々の興味をもっている対象が明確に浮かび上がり、社会のあらゆる事象のきざしがわかるのである。

これは、検索ワードだけではない。とくにスマートフォンからのアクセスは、端末の位置や個人の特性など詳しい個人情報を集めることができる。

スマートフォンでアプリをダウンロードするたびに、外部のサーバーが「あなたのスマホにアクセスすることを許可してください」と求めてくる。「うっとうしいなぁ、気持ち悪いなぁ」と思ったとしても、それを許可しないとダウンロードできない場合は、そのまま、許可してしまう人が多いだろう。すると、ＧＰＳによる位置情報をはじめ、スマホに保存されているさまざまな情報をもっていく。

いちおう、個人を特定して、プライバシーを暴くことが目的ではなく、個人情報とひもづけしないビッグデータとして利用するということになっているから、あまり心配しすぎることもないだろうが。情報を集めた結果、ユーザが受ける情報サービスの質と精度が向上するのだから、まあよしとするしかない。

"ビッグデータ解析"の先にある個人情報収集よりもっと壮大な仕掛けとは？

つい最近までは、「企業が個人情報を集めるのはけしからん！」と思う人が多かったものだが、現在は、もはやあきらめるしかない状況だ。

スマートフォンの普及がこの流れを加速した。前述のとおり、アプリをダウンロードするたびに、スマホのなかの情報にアクセスすることを許可するように求められる。アップルのiPhoneは、アンドロイドほど明示的には求めてこないが……。

ともかく、買い物に関する検索情報、位置情報、通話先、交友関係、スケジュール、スマホで撮影した写真、スマホに保存されているありとあらゆるものを「欲しがる」。

集めた情報は、個人情報を抜いたあとのデータを集約し、ビッグデータとして活用する。スマホで、写真をクラウドに置いておく機会も増えた。これも、個人を侵害しない範囲で、特徴を抽出しインデックス付けしているのだろう。

しかし、考え方を変えれば、ビッグデータ収集は悪いことではない。適切な商品情報につながる。例えば、アマゾンで買い物をすると、関連する商品の情報が表示される。これはこれで便利である。このように、ビッグデータ技術で大量の情報をうまく整理すると、そこから宝をたくさん掘り出すことができるのだ。

ビッグデータの目的としては、まずビジネスの効率化だ。広告もマーケティングも、消費者の動向がわかれば効率よく打てる。消費者の気分・巷の流行・クチコミ・テレビやネットの話題。我々の生活環境をとりまくありとあらゆるものの動向が複雑に影響し合って、消費行動が生まれてくるからだ。ビッグデータに埋もれている隠れた法則やパターンを取り出すことができれば、未来さえも読める。ビジネスの効率化程度では終わらないのである。

人は、どのような情報を手に入れるとどのような行動をとるか？　それは性別・年齢・学歴・職業・居住地域などと、どのような関連があるのか？　そういったことを解析していくと、社会動向の調査だけでなく、特定の情報を流すことで、社会の流れや雰囲気を操作することもできるだろう。

少し前までは、テレビが大衆操作のツールであったが、それが、インターネットに移ったのである。ある意味恐ろしい世の中になったものだ。しかし、インターネットは双方向性をもつ。

世の中を俯瞰（ふかん）して見ると、つくられたフェイクの情報がどのあたりにあるのか、なども見えてくる。だます人がいれば、だまされないぞと頑張る人もいるということだ。

検索システムはどうしてあれほど速く情報を探し出せるのか？

グーグル検索に代表されるインターネット上の検索システムは、なぜあれほど素早く欲しい情報を探し出してきてくれるのだろうか。不思議に思わないだろうか。

試しに、いま、グーグル検索で、「地球の半径」と入力したら、０・２２秒で結果が表示された。検索でヒットした件数は、約59万５０００件。こんなにあったら検索結果を見ていくだけで時間がかかるじゃないかといいたくなる。

しかし、心配はいらないのだ。いちばん役に立ちそうな情報から順番に並んでいる。これが検索システムのすごいところだ。どうしてこういうことができるのか？

情報のないところに検索システムは存在できない。まず情報が必要なのだ。情報はどこにあるかというと、インターネットのなかにある。具体的には、公開されているウェブサイトだ。

日本ではホームページという呼び方が広く普及しているが、正しくはウェブサイトである。

ウェブサイトに書かれている情報を集めているものがある。人間ではない。ロボットだ。ロボットといっても、ネット上で動く姿かたちのないプログラムの塊だ。プログラミングで動くこのロボットは、ネット上をはい回っているからクローラ（はい回るもの）と呼ばれる。グーグルのものはグーグルボットともいう。

このクローラが、全世界の数千億以上もあるウェブサイトを毎日毎日くまなく回り、サイトに書かれている情報を漏れなく集めていく。リンクがはってあれば、リンク先にもいき、そこからさらにリンク先をどんどんたどっていく。

そうやって、情報を収集するだけでなく、情報と情報の関係性まで調べ上げていく。こうして集めた膨大な量の情報は、データセンターのコンピュータに保存される。

次に、集めた情報を検索しやすいようにインデックスを作成していく。グーグルによれば、このインデックスだけで1億ギガバイト（＝100ペタバイト！）を超えるそうだ。

これらのデータは、1か所に集中しておいてあるわけではない。世界各地に分散しておいてある。だから、検索が速い。もしも、アメリカ国内に巨大なデータセンターが1か所しかないとすると、ミリ秒クラスのレスポンスは得られないだろう。

インデックス作成の次に行なわれるのが、ランキングと呼ばれる作業だ。テキストの書き方、フォントの大きさ、リンク先の件数など、さまざまな要素に基づいて、ランキングを作成する。このランキングのアルゴリズムが検索システムのキモだ。グーグルは、このアルゴリズムの部分でほかの検索システムより数段勝っていたので、勝ち残った。

解析アルゴリズムでグーグルが優れているのは、ナレッジグラフというツールをもっていることだ。これは、その名のとおり、知識（ナレッジ）の関係性を詳しく解析し、ユーザが欲しいと思われる情報を優先して表示させる。

「地球」というキーワードで検索したとしよう。地球といっても、調べたい人の要求はさまざまだ。海外旅行について調べたい人もいるだろうし、世界の紛争地域を調べたい人もいるだろう。ナレッジグラフは、それぞれに最適な情報の関係性を情報化している。

そのため、ユーザーが欲しい情報を素早く無駄なく、表示することができるのだ。

「そんなすごいものを無償で提供して、グーグルはいったい何で儲けるの？」と思う人もいるだろう。儲けの原資は情報そのものだ。膨大な情報を集め、そこから取り出す情報は、広告やマーケティング分野では非常に価値が高い。1億ギガバイトだったインデックス情報は日々増加している。いまはもうゼタバイト（ZB、ペタバイトの100万倍）を超えているだろうか。いったいこの先、どうなるのだろうか。

ニュース報道が拡張現実（AR）になるとどうなる？

『ポケモンGO』というスマートフォン向けゲームが話題になった。49ページでもふれたが、ポケモンとはポケットモンスターの略で、1996年に任天堂からゲームボーイ用のゲームソフトとして発売された。このゲームは、主に小学生の間で大ブレイクし、その後、カードゲームやアニメになった。

このポケモンがスマホ向けのゲームになって、再び大ブレークしたのは、新しい技術が採用されたところにある。それは、すでにのべた仮想現実（VR）と拡張現実（AR）だ。

この拡張現実技術は、すでに、さまざまな分野で応用されている。洋服の試着とか、お化粧や髪型の変更などだ。実際の自分の映像に、さまざまな洋服を着せて、見え具合を確認することができる。さらに、この技術がネットでつながると、家にいながらブティックで洋服を試着・購入といったことができる。

仮想現実・拡張現実の環境をネットで共有し、コミュニケーションできるものを、臨場感通信という。これが、テレビのニュースなどで使われると、視聴者が現場にいって歩き回るような感覚を味わえる。ヘッドマウントディスプレイをかぶればさらに臨場感が増す。

戦場からの中継だと、戦場に立って周囲を眺めまわすことができる。銃弾やミサイルが飛んできても、当たる心配はない。

このような臨場感通信を活かしたテレビ中継はまだ行なわれていないが、スマートフォンと簡易型立体視ゴーグルを目の前につけて臨場感を味わえる報道はもう実現している。アメリカのニューヨークタイムズのＮＹＴＶＲというアプリをスマホに入れておくと、周囲全天３６０度を頭を動かして見渡すことができる。聞こえる音声も、リアルな位置から聞こえ、頭を動かすにつれて聞こえてくる方向が変わる。これほどの臨場感のあるニュースはほかにはないだろう。でも、弾丸もミサイルも飛んでこないからご心配なく。

画期的なはずの３Ｄテレビはなぜ大ヒットにならなかった？

２０１０年頃、電機メーカー各社から３Ｄテレビが相次いで発売された。一部だが、３Ｄデジタル放送も行なわれた。
ちょうどこの頃から劇場映画も３Ｄ版が上映されるようになり、これらの映画コンテンツがブルーレイディスクなどで供給されて、「一気に普及するかも」という期待が、電機メーカー各社にもあっただろう。多くの人が「これでいよいよ３Ｄテレビの時代が到来か」と期待したのだが、残念ながら不発に終わった。もちろん、これからまた、３Ｄテレビがブームになる可能性もあるが……。

では、３Ｄテレビはどんな仕組みで立体的に見えているのだろうか。簡単に説明しておこう。通常のテレビの画面は60分の１で画面が切り替わっているが、３Ｄテレビは120分の１秒で切り替え、左右それぞれの目に映る映像を交互に表示している。視聴者がつける３Ｄメガネは、画面に合わせて、左右のレンズのシャッターを画面に合わせてオンオフし、左目で見た画像が映っているときは、左レンズのシャッターを開け、右目の映像が映っているときは右レンズのシャッターを開けるようになっている。

左右の映像には、視差と呼ぶわずかな見え具合の差があり、これを同時に見ることで、立体的に見える。厳密には同時に見ているわけではないが、脳には残像が残るので、立体的につながった映像として見える。

ただ、３Ｄテレビは真正面に座って見ている分には、素晴らしい迫力なのだが、横のほうか

3Dテレビ映像の仕組み

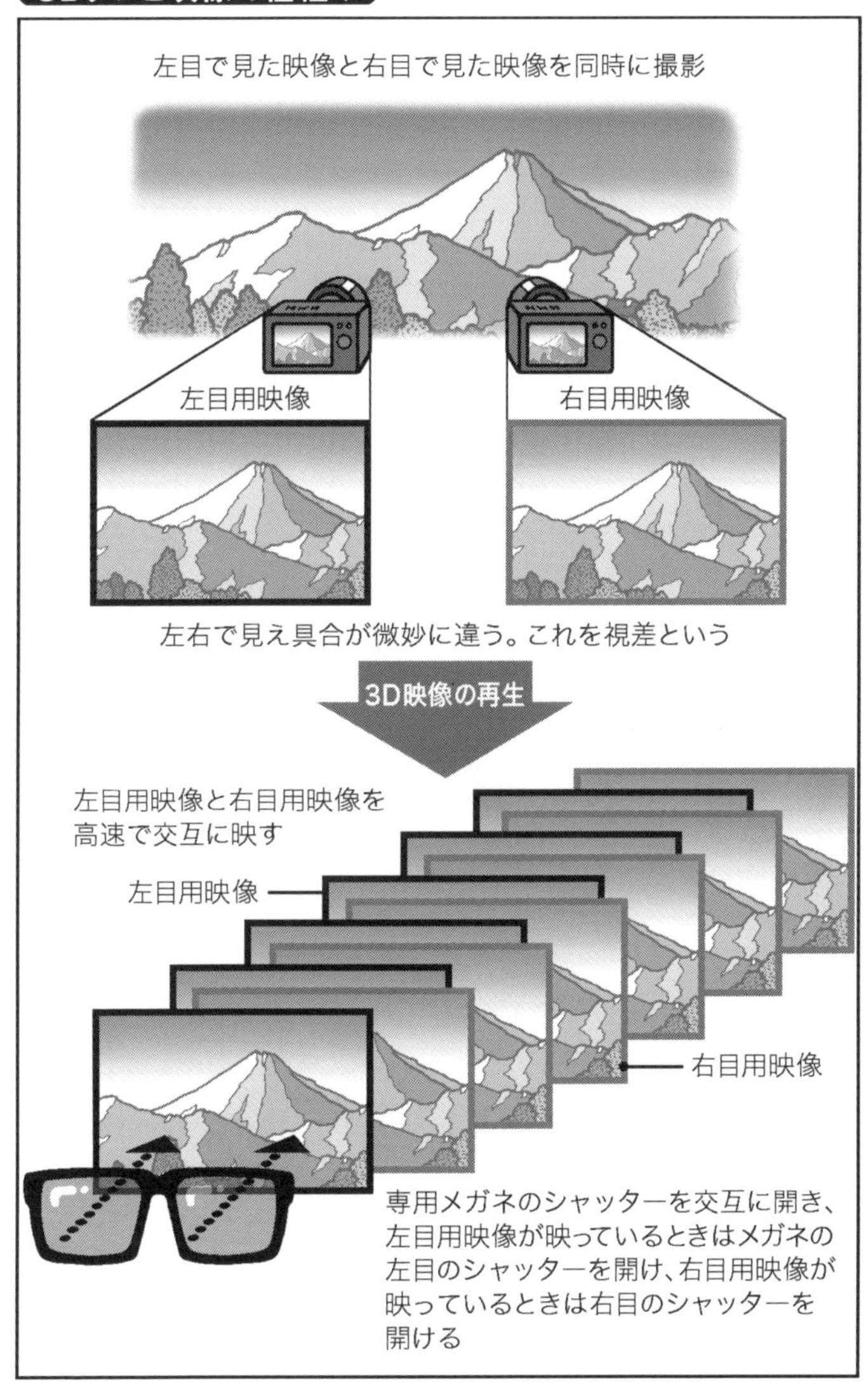

ら見たり、寝転んで見るとうまく見えない。劇場で見る3D映画ならきちんとした姿勢で見るのでいいのだが、3Dテレビは家庭でくつろいで見るものなので、メガネ装着の違和感も含めて、あまり心地よくはない。

3Dテレビには何が足りないのだろうか。ひとつは立体像に関する情報が横方向にしかないということだ。人間は頭を動かすことで全周・全天を立体視する。しかし、3Dテレビの立体情報は横方向だけだ。

もうひとつは、視野がダイナミックに動くのに体に加わる動きの情報がまったくないということ。これは大きな違和感を感じる。視覚情報と身体情報はリアル社会では一致している。3Dテレビにはこれがない。だから酔いやすい人は酔う。

医学的な見地からも問題点が指摘されている。フランスのANSES（フランス食品環境労働衛生安全庁）は、視覚機能の発達が未熟な6歳未満の子供に3D映像を見せることは避けるべきだと勧告している。日本でも日本眼科医会が6歳未満の3D映像の視聴を避けるようにすすめている。

また、現実を超えるような大きな視差を使った立体視は、脳にかなりの負荷をかけてしまう。眼科医会によると、安全な視差は両眼視差0・7度未満であることを推奨し、安全範囲は1度未満としている。

そもそも、立体視するのに、現在の3D映像のように左右の視差を利用することが必要なのだろうか。普通の2次元ディスプレイに映像を映して、マウスやジョイスティックを使って、全方向から見ることができるようにすれば、十分3D感を感じることができる。マウスやジョイスティック（＝手の動き）と画面の動きがタイムラグなしでつながっていれば、十分立体的に感じることができるのだ。

3次元映像は、ひとつ下の2次元で見るのが自然なのではないだろうか。

量子コンピュータとインターネットの安全性の意外な関係とは?

暗号は必ず破られる。人間がつくったものだから、完璧ということはない。暗号といえば、古来、外交や軍事に関する通信に欠かせないものであった。

現在は、みんながインターネットで情報をやりとりするため、我々も知らないうちに暗号を使っている。たとえば、インターネット通販をするとき、ショップのウェブサイトのURL欄には、「https://」と、いつものhttpにsがついたものが表示される。これは、SSLというプロトコル（通信手順）で暗号通信を行なっているという意味だ。

ＳＳＬは通信プロトコルで、暗号方式は別にある。ＳＳＬの暗号方式として、広く使われているのがＲＳＡ暗号だ。

この暗号は、大きな桁数の数字の素因数分解が事実上不可能であることを利用して、安全性を保証している。素因数分解とは、整数を素数の掛け算で表すこと。例えば、整数35を素因数分解すると５×７になる。桁数が１００桁にもなると、そう簡単に素因数分解はできない。

では、「インターネットを安心して使っていいか」というと、そうでもない。現時点では問題はないが、将来、量子コンピュータが登場すると、たちどころに破られてしまう。

量子コンピュータは、現在のコンピュータの数億倍以上も速く計算できるとされている。そうなれば素因数分解などは一発で突破される。

１９９４年、ＭＩＴ（マサチューセッツ工科大学）のピーター・ショアが、量子コンピューティングで大きな整数の素因数分解が短時間で解けることを数学的に示した。これをきっかけに量子コンピュータの研究が盛んになった。暗号が破られたら、外交・軍事の秘密がダダ漏れになってしまうことを恐れたのだ。

量子コンピュータというのは、電子などのミクロの粒子が、無限に近い重ね合わせ状態をもつ量子的存在であることを利用して、計算を超並列的に行なうものだ。多くの計算を同時に行

量子暗号のイメージ

なうから計算が速い。大きな数の素因数分解など数秒でできてしまう。

しかし、量子コンピュータの実現はまだまだ遠い。カナダのD-Waveという企業が量子コンピュータを製造し、グーグルやNASAに納入しているが、この量子コンピュータは、最適解を出すのが得意な量子アニーリングという方式のもので、因数分解などには使えない。

というわけで、インターネットを使う分には、ひとまず安心なのだ。

ところで、量子コンピュータの実現はまだ当分先とはいえ、量子力学が実際に使われ始めている分野がある。それは量子暗号だ。

量子力学では、ハイゼンベルクの不確定性原理（217ページで解説）によって、電子や光子などミクロの粒子の位置と運動量を同時に決めることができない。位置を特定したら運動状態がわからなくなるし、運動量を特定すると位置が不明になる。

これは、別の言い方をすると、「観測することで状態を変える」といってもいい。ここにある、こう動いていると観測したとたん、情報が消えてしまう。

この量子力学の原理を応用すると、通信の途中で、だれかが盗聴、つまり観測すると、粒子の状態が変化してしまい、盗聴されたことがわかるということになる。

量子暗号の開発は急ピッチで進んでいる。政府機関の一部ではすでに量子暗号が使われているという話も聞く。ただし、盗聴不能な量子暗号とはいっても、それはあくまでも理論上の話。悪意のある者がかかわると別だ。

これからは、技術より人の管理のほうが重要になってくるのかもしれない。

5章
世界の未来をテクノロジーから説きなさい

私たちの暮らしを一変させ、
新しい産業やビジネスの起爆剤となる…。
そんな可能性を秘めた新テクノロジーとは？
10年後、20年後のビジョンを提示して
興味を引き、好奇心をかき立てよう！

3Dプリンターでついに航空機までもがつくられる時代に！

立体の造形物をつくるプリンターが3Dプリンターだ。業務用では以前から使われているが、このところ、価格が安くなり家庭でも使えるようになってきた。

普通のプリンターが紙などの平面に印刷するのに対して、立体を作り出すので、3Dプリンターという。立体の造形物の表面に印刷するプリンターのことではない。

プリンターというより、数値制御の工作機械といったイメージのほうが近いだろう。数値制御、つまりコンピュータで設計図を書き、その寸法どおりに金型（かながた）などをつくる機械は昔からあり、工業分野では欠かせないものとなっているが、個人が購入できる価格のものではなかった。それが、低価格化とともに、パソコンにつないで個人でも使えるようになったので、普及が進んだ。

とはいっても、普通のプリンターのように、一家に1台というわけにはいかない。やはり、専門的かつマニアックなものなので、特定の分野の作業が必要な人たちがユーザーの中心だ。

とくに活躍するのが、中小規模の用途。従来のような大きな設備は不要で、失敗しても何度もつくり直すことができる。小さな工場や、大学の研究室レベルでは重宝される。

実際、研究室レベルでは、例えば、計画段階の超音速機の縮小模型を３Ｄプリンターでつくり、性能の検討やプレゼンテーションなどに使っている。

簡単に３Ｄプリンターの原理を説明しておく。材料は主に、プラスチックの素材の一種であるＡＢＳ樹脂などで、これを、１ミリメートルの１０００分の１くらいのオーダーで積み重ねてつくる。

積み重ねる方法として、熱を加えて樹脂を溶かしてくっつけていく熱溶解積層方式、細かな樹脂を噴射し、紫外線を当てて固化するインクジェット方式、紫外線で固化する樹脂に紫外線レーザーを当てながら1層ごとに造形していく光造形方式などがある。

複雑で細かなものは、樹脂といっしょにサポート材という支えになる物質も同時に使う。サポート材は水に溶けるので、印刷が終了したら水で洗い落とす。

個人ユースの３Ｄプリンターは、あまり精度が高くないし、ＡＢＳ樹脂など熱に弱い材料を使うので、用途は限られてくる。

しかし、企業において、製品のプレゼンなどには非常に役に立つし、個人がフィギュア作成などホビーの分野で使うなら、絶好のツールといえる。

3Dプリンターの将来性はすごいものがある。2016年の航空ショーで航空機大手のエアバス社が、3Dプリンターで製作した飛行機（プロペラ式の無人機）を発表。航空業界ではすでに、飛行機のエンジンや無人機のパーツ製造に使われている。ほかにも、将来は人工骨などをオーダーメイドでつくり治療に役立てることができる。

一方で危険な使い方もできるので要注意だ。アメリカでは、3Dプリンターで実弾を撃てる銃を製造した者が出てきて問題になっている。

AI（人工知能）が小説を書くようになれば小説家は失業する？

2016年3月、AI（人工知能）が書いた小説が、日本経済新聞社が主催する「第3回日経星新一賞」の一次選考を通過して話題になった。AIが、星新一の全作品を分析し、星新一風の創作作品を執筆したという。

応募作品のひとつが『コンピュータが小説を書く日』という4600字ほどの作品だ。読んでみたが、コンピュータが書いた小説という先入観をもって読むと、「おぉっ！」と驚く。しかし、星新一の作品として読むと、正直なところ、「星新一なら、こんなふうには書かないだろう」と思った。いや、これはあくまでも個人的な感想なので、「いかにも星新一風だ」と感じた人もいるだろう。

この人工知能作家は、公立はこだて未来大学、東京大学、名古屋大学などの研究者たちが開発したプログラムだ。

人工知能作家が、完全に自律的に小説を書いているかというと残念ながらそうではない。すでにある小説を解析して、いくつかのテーマを抽出し、人間が変数（パラメータ）を設定して、書かせている。人間がプロット（あらすじ）を決め、ＡＩに書かせているといったイメージだ。もうひとつのアプローチは、プロットをＡＩにやらせて、それをもとに人間が書くというものもある。

どちらも、いまのところ、人工知能作家は人間の助けなしでは小説を書けない。そういう意味で、まだまだ、「作家」とはいえないだろう。

今後、技術が進化すると、人工知能作家は、星新一の作品を自動的に解析して、見かけ上は星新一っぽい作品を書くことができるかもしれない。それでも、人間が手直ししないと読める文章、矛盾のないストーリー展開にはならないだろう。

小説の良しあしは、人それぞれの解釈によって違う。人間の感情の発露（はつろ）であるから、これを機械で定量的に、また定性的にもやるのは難しいだろう。人間は、論理よりは感情に揺り動かされがちだし、感情は非論理的だ。また、情動的なものは解釈の幅が大きい。この曖昧さが、小説を小説らしくし、芸術の域に高める。

このように考えると、機械であるＡＩが人を感動させる小説を書くには、まだ相当の時間がかかるだろう。いや、永遠に無理だと思う。もし、ＡＩが書いた小説が人間に感動を与え始めたとしたら、人間の知能が劣化し始めたときだ。

だが、待ってほしい。別にＡＩを全面的に否定しているわけではない。ＡＩにも長所はたくさんある。

まず、長い文章の要旨をまとめるのが得意だ。小説の解析は難しいかもしれないが、論文やマニュアルなどの論理的な文章の要点はうまくまとめてくれる。人工知能作家の研究は、こういう分野に活かされていく。決して無駄ではない。

それと、小説でもカジュアルなもの、例えばライトノベルなどは、ストーリー展開のパターンがある程度決まっているから、ＡＩによるアシストが有効だろう。

とはいえ、ＡＩによって、作家が失業することはなさそうだ。

石油でも原子力でもない「微生物」から発電する研究が進んでいる！

電気は、火力発電所や原子力発電所などで発電しており、太陽光や風力などの自然エネルギーも少しずつシェアを伸ばしている。ところが、発電というと、ほかにも意外なものがある。それは生物を利用した発電だ。

というと、多くの人は電気ウナギなどを思い浮かべるのではないだろうか。電気ウナギが出す電気は一瞬なので、電力としては使えない。ところが、いま、継続的に発電できる可能性がある生物発電が研究中だ。そのひとつに微生物発電がある。

微生物で発電するとは、どういうことなのか。微生物は、餌（えさ）としての有機物を外部から取り込み、酸化分解してエネルギーとしている。このとき一部の微生物は、電子を放出する。この電子を電極に集めて電気を取り出すのが微生物発電だ。

ただし、通常の生き物は、細胞の外に電子を放出することはできない。ところが、発電微生物は、電子を外に出すための導電性の生体回路をもっているのだ。

このような微生物を利用した発電装置を微生物燃料電池（ＭＦＣ）と呼ぶ。微生物は生き物なので多くの種類の有機物を取り込んで体内で分解する。石油を改質したり水素を利用したりして化学的に発電する燃料電池よりもずっとお手軽である。

しかし、欠点は、発電量が小さいこと。東京薬科大学教授で微生物発電の権威・渡邊一哉博士によると、１００ミリリットルの容器の培地に発電菌のひとつシュワネラ菌を入れて有機物を分解させると０・３ワットほどの電力を取り出せるという。（出典：アットホーム教授対談シリーズ）

実際、同研究室では、田んぼのなかの発電菌を利用した「田んぼ発電」の実験を行なっている。田んぼの土のなかにマイナス電極を入れ、水中にプラスの電極を入れると、発電菌が放出する電子によって、１平方メートル当たり数十ミリワットの電力が得られるという。単純に計算すると（もちろんそうはいかないだろうが）田んぼ１枚が１０００平方メートルとして、10ワット発電できることになる。

このほか、静岡大学では、微生物の力で生ゴミから直接発電できる微生物燃料電池の研究も進んでおり、微生物が生成した電気をよく伝える物質の取り出しに成功している。

これらの微生物発電技術は、汚水を処理しながら発電するなど、環境浄化にも役立つのだ。電気ウナギより微生物のほうがエネルギーとしてははるかに有用のようだ。

いやな記憶を自在に消し去る技術は開発できるか？

スパイ映画などでは、よく、人の脳から記憶を消し去ってしまうシーンがある。たいがい、何らかの薬物を投与したり、電気ショックを与えるなどして記憶を消すのだが、実際に何らかの方法で記憶を消すことはできるのだろうか。

東京大学の研究グループによると、記憶が定着するときに、脳神経細胞のシナプスの先端にあるスパインと呼ぶ小突起が増えるのだが、この数を減らしたところ、記憶が消えたという（次ページ図参照）。また、理化学研究所では、いやな記憶を楽しい記憶に置き換えることができることをマウスを使った実験によって示した。

記憶は、脳の神経細胞の特定の部位の集まりと、そのほかの部位の関係性によって行なわれる。スポーツでも学習でも、何度も繰り返し行なうことで上達するのは、それを司る神経回路が太くなり、情報を伝達しやすくなるからだ。

記憶のなかでも短期記憶は、脳の海馬（かいば）という部分で行なわれる。そのあと、長期間保存すべ

神経細胞の模式図

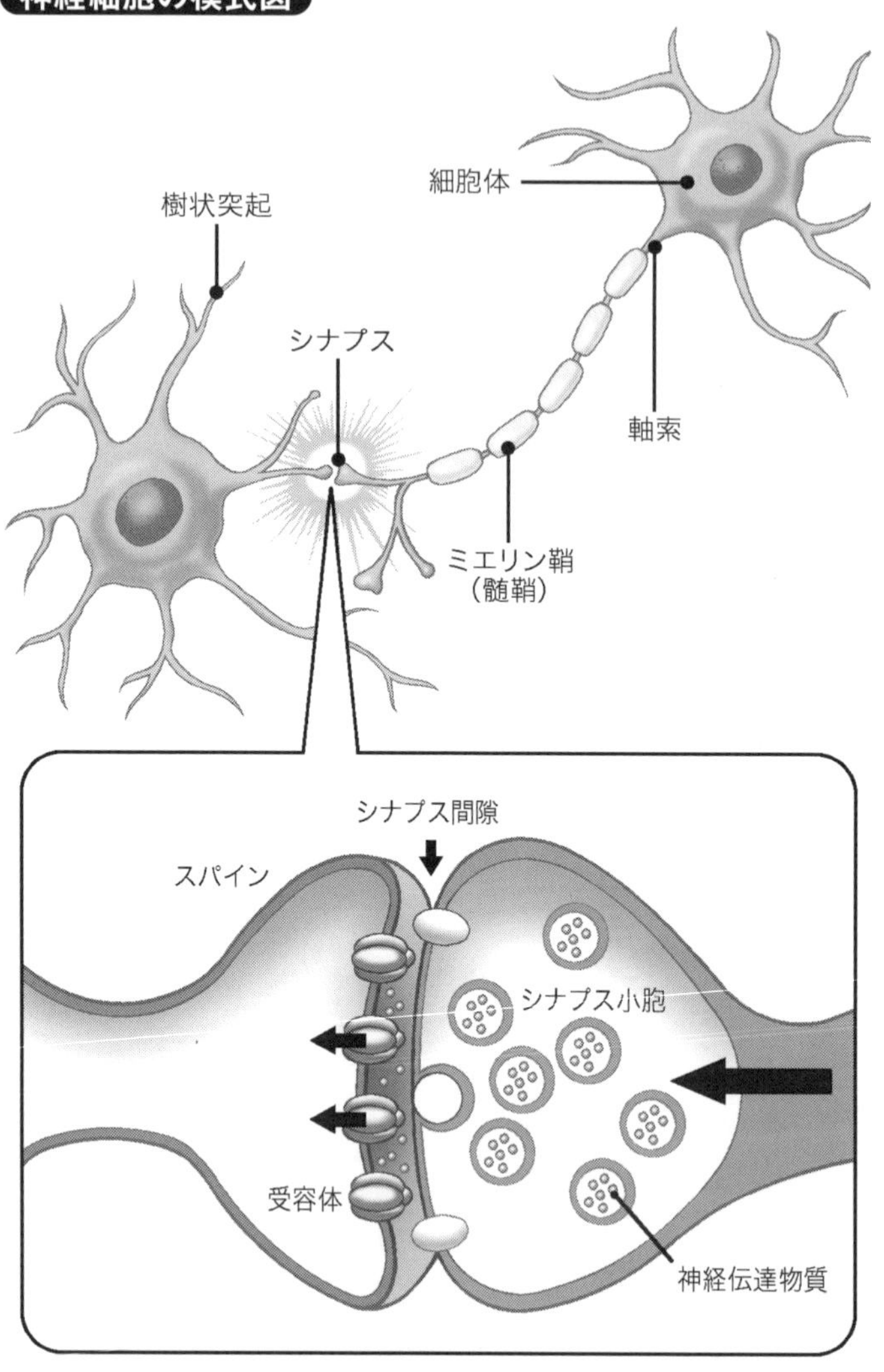

きと判断された情報は大脳皮質（ひしつ）に記録される。

コンピュータに例えると、一時的に情報を蓄えるキャッシュメモリーに当たるのが海馬で、情報を保存するハードディスクに当たるのが大脳皮質といったイメージだ。

理研の研究者たちは、マウスを使って、海馬と情動を司る扁桃体（へんとうたい）という領域に一時的に蓄えられた「いやな出来事」の記憶を、「楽しい出来事」の記憶に書き換えた。

それには光を感じて変化するタンパク質を特定の神経細胞に発現させて、機能を活性化したり抑制したりする技術を利用している。マウスの海馬と扁桃体にある記憶神経群を光感受性をもつタンパク質で染め、光を当てることで、スイッチのオン・オフを行なえるようにした。これで、いやな記憶を楽しい記憶に変えることができたという。

ちなみに、マウスにとってのいやな記憶とは、狭い部屋に入れられて足に電気ショックを与えられること。楽しい記憶とは、（オスが）広い部屋でメスと遊ぶことだそうだ。

研究者には失礼ながら、「当たり前」のことのようにも感じる。いやなことがあっても、そのあと、女の子と楽しく過ごせば、いやなことなどすぐに忘れてしまうものではないのか。

冗談はさておいて、記憶を書き換えることができたということがすごいのだ。この知見は、うつ病患者の治療に活かせそうだという。うつ病は、例えていうならば、頭のなかがいやなことでパンパンになって、楽しい記憶が入り込む余地のなくなった状態だからだ。だれもがうつ病とまではいかなくても、憂鬱になったときはそうなる。しかし、頭に光を当てるだけで悩みが解決するなら楽でいい。

一方で、脳の記憶のメカニズムがわかればわかるほど、短期記憶だけでなく、特定の記憶のみを消し去ることができる可能性が高まるかもしれない。それはちょっと恐ろしい。

脳の仕組みをまねたディープラーニングで何ができるようになる？

ＡＩ（人工知能）ソフトが話題だ。２０１５年には、グーグルが開発したＤＱＮという人工知能が、ブロック崩しゲームをしばらく見ただけでゲームのやり方を覚えた。２０１６年２月には、同じくグーグルのアルファ碁というＡＩがプロ棋士に勝った。こんな興味深いニュースが飛び込んできている。

また、ゲームだけでなく、医療現場でもＡＩが力を発揮している。東京大学医科学研究所では、ＩＢＭが開発した人工知能ワトソンを使って、ベテラン医師でも見逃すような、特殊なタイプの白血病をわずか10分で見抜いた。

ワトソンは、医学論文を2000万件以上も読み込んでおり、白血病と遺伝子の膨大な関係性について学習していたという。2000万件の論文を読むなど、人間の医師が一生かかってもできないし、内容をすべて記憶することは無理だ。

アルファ碁も同じだ。囲碁の過去の対局の膨大な量の棋譜を学習していた。アルファ碁もワトソンも、人間をはるかに超えた学習能力をもっていたのだ。これでは、人間はどうやったってかなうわけがない。

これらの人工知能に使われている技術のひとつがディープラーニング（深層学習）であることは、すでに紹介したとおりだ。数千万件の情報といえども、インプットするだけでは人工知能はできない。それら大量の情報を短時間で解析し、ユーザーが求める情報や法則を提示してくれることが必要だ。その、まさに大脳のような情報処理をしてくれるのが、ディープラーニング技術だ。

ディープラーニングは、脳神経のネットワークを模したニューラルネットワークを応用したものだ。

ニューラルネットワークは、情報を入力する層と出力する層の間に、隠れ層と呼ぶ中間層をいくつも設けることで、情報をより正確に定義づける。深層学習というのは、隠れ層を何層にもわたって深く設定するからだ。

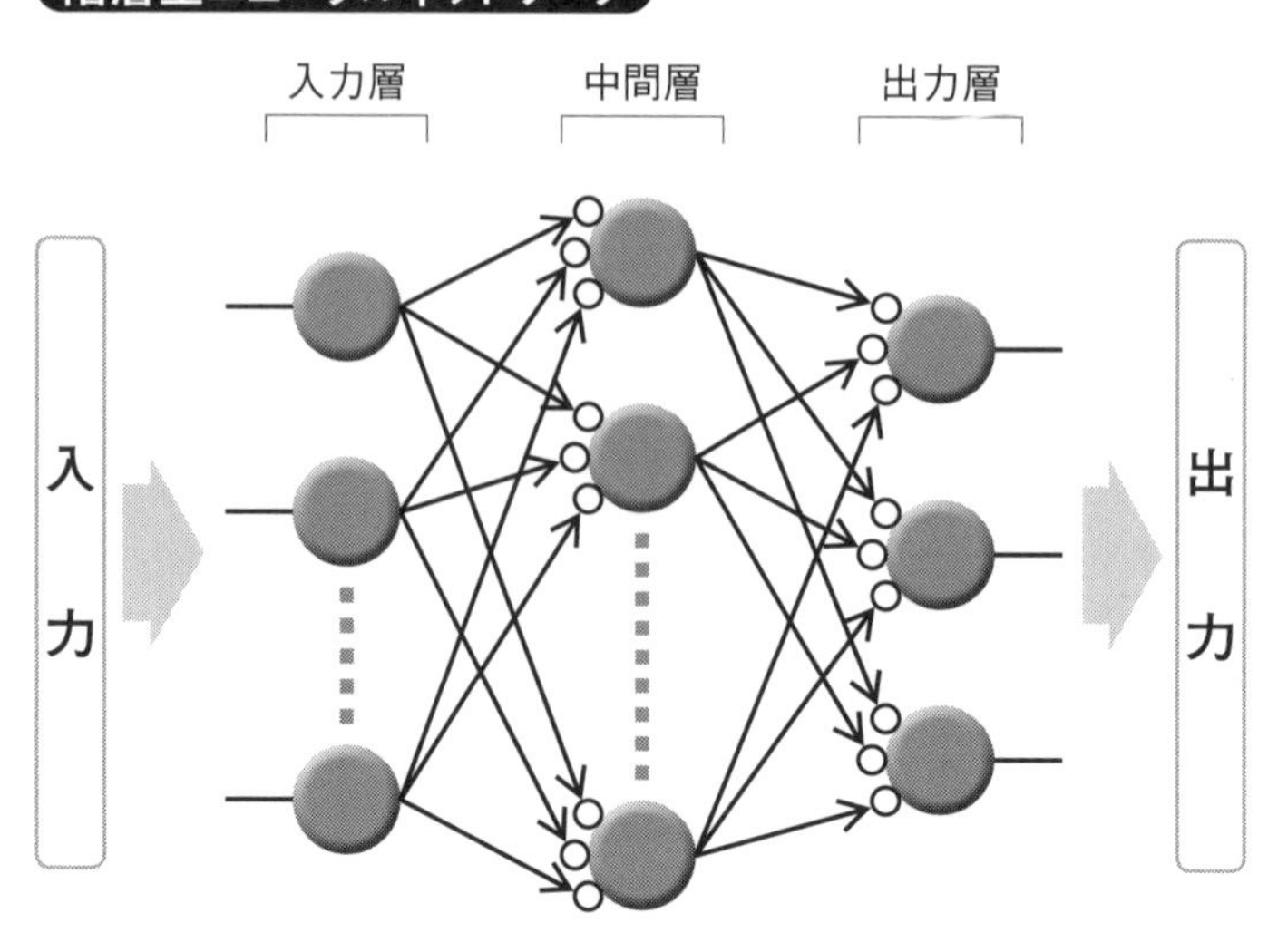

ニューラルネットの最初のモデルは、1957年頃アメリカのコーネル航空研究所のローゼンブラットが、画像認識のために考案したパーセプトロンだ。

日本でも、1980年代に、NHK研究所の福島邦彦氏が、ネオコグニトロンというニューラルネットワークを開発している。ただ、その頃はまだ、コンピュータの能力が低くて、実用的な処理ができなかった。

最近になって、グーグルなどが、ディープラーニングの実用的研究を始めたのは、コンピュータの能力が大きく向上したことによるものだ。

では、ディープラーニングで何ができるかだ。囲碁に勝ったり、ゲームの攻略法を覚えたところで、どれだけ世の中のためになるのか、というご意見もあるだろう。

それが役に立つのだ。ディープラーニングが力を発揮するのは、画像や音声などのパターン認識だ。例えば人間の顔の特徴をパターンで認識し、人物の特定を正確に行なうといったことができる。

将来は、動画の膨大なフレームのなかから、探したいものが映っている部分のみを瞬時に見ることができるようになる。例えば、熟したリンゴと、あと一日たてば熟すリンゴを識別することもできるようになるだろう。

動画サイトにアップされた著作権法に違反しているような動画の検索も簡単にできるようになる。もっと役立つのが車の自動運転だ。周囲の障害物をカメラでとらえ、どれが電柱でどれが人か動物かを次々と判断していかなくてはならないが、こんなとき、ディープラーニングの画像認識が役立つ。

また、画像や音声だけでなく、テキスト検索や、論文の論旨の要約などでも、力を発揮する。グーグル検索をすると、ヒットした情報の下に3行で要約が表示されるが、このような作業もディープラーニングで効率化される。

ざっくりいえば、ディープラーニングはかなりいい加減な判断をする。しかし、ノイズだらけのいい加減な判断でもたくさん積み上げると、そこから、確かな情報を取り出すことができる。これを瞬時にリアルタイムでできれば、結果として極めて有用なものとなる。

脳波を読み取って意思どおりに機械を動かす技術は実現するか？

念ずるだけで物が動かせる――。超能力の話ではない。病気やケガで体の一部が機能しなくなった人に役に立つ技術である。

脳波を読み取って機械を動かす技術を「ブレイン・マシーン・インターフェイス（ＢＭＩ）」という。脳に電極をつけて脳内の活動を検知して、これに関連づけられた外部の機械を操作するものをいう。

電極といっても、脳波を測定するときのように、頭の表面に電極を貼り付けるだけだ。非侵襲式という。これに対して、頭蓋骨に穴をあけて直接脳に電極をつけるのが侵襲式。当然のことながら、非侵襲式のほうが安全で簡易だ。

では、なぜ脳波の変化を利用して意思を機械に伝えることができるのか。それは、最近になってｆＭＲＩ（ファンクショナル・マグネティック・レゾナンス・イメージング）の高性能化が進み、脳の活動と血流の関係が詳しくわかってきたからだ。

脳神経細胞ニューロンが活動するときはエネルギーを必要とする。そこで、活動している部分に血液を集中的に送り、酸素を供給する。ニューロンの活動は、化学物質でできた神経伝達物質によって行なわれる。脳神経が刺激を受けて、この物質が一定量たまると、一気にニューロンに弱い電流が流れる。これをニューロン発火という。このときの電流をセンサーで検知して、脳の活動を把握する。

ｆＭＲＩは、１９９０年代から急速に進歩した。この結果、どのようなときに脳のどの部分が活動するかが詳しくわかってきて、脳科学が飛躍的に進歩したのである。

この成果は、障害のある人の大きな助けとなる。例えば、車椅子(くるまいす)を使っている人が、頭で右に曲がれと念じただけで車椅子を右に向けるというようなことができるようになる。

また、失明した人の脳の視覚を司る部位にカメラで撮った映像の信号を送ることで、ぼんやりながらも、映像が見えるようになり、障害物を避けることができるようになる。

足に義足をつけている人は、普通の人と同じように歩けるようになったり、歩行用のパワーアシストを使って、足腰の弱った人でも普通に歩いたり重いものを持ち上げたりできるようになる。

まだ発展途上の技術ではあるが、ＳＦに登場するサイボーグのようなロボットができるだろう。また、それとは逆にロボットをより人間らしく行動させるためにも役立つ。

しかし、人間は常に迷っている存在でもある。筆者のような優柔不断な人間にとっては、明確で強い意思をもつには訓練がいるだろう。道を歩くにも、右にいこうか左にいこうかといちいち迷っていたら、スムーズに作動させるのは困難かもしれない。

コンピュータウイルスで原発やウラン濃縮工場を攻撃できるか？

2016年のアメリカ大統領選挙で、ヒラリー陣営のサーバーがロシアにハッキングされていたというニュースが乱れ飛んだ。

真偽はわからない。しかし、このようなハッキング技術は空想の話ではなく、実際に「簡単に」といってもいいくらいたやすくできる。

ハッキングには初級者レベルからプロレベルまで難易度に段階がある。初級レベルなら、ネットにハッキングツールがいくつも流通しているから、本当にだれでも行なうことができる。もちろん実行すれば、不正アクセス行為として犯罪者になるからご注意を。

ネット上で、特定のサーバーやネットワークに対して行なわれる攻撃を、サイバー攻撃とかサイバーテロと呼ぶ。最も単純なやり口が特定のサーバーにアクセスを集中させて機能を妨害するもの。これは自動的に行なわせるツールがある。また、初歩的なものでは、大勢の仲間と示し合わせて同時刻に大量のアクセスを繰り返すというものもある。

一方、本格的なサイバー攻撃は、サーバー管理者の管理者権限を何らかの方法で入手して、システムを乗っ取る方法だ。これが、サイバー攻撃の基本的手法といえる。パスワードを乗っ取るために、コンピュータウイルスを仕込んだ添付ファイルなどを送り付け、そのプログラムを実行させることで、権限を乗っ取っていく。

いったん乗っ取られたら、攻撃者のやりたい放題になり、ホームページを改ざんされたり、保存されている情報を盗まれたりする。

ソフトウェアの脆弱性（ぜいじゃくせい）（欠陥）をつくという手もよく行なわれる。ソフトがひんぱんにバージョンアップしてくるのは、脆弱性を改善するためである。最新のものにしておくことで、少しは防御力を高めることができる。

サイバー攻撃で、企業の内部情報が盗まれる事件はひんぱんに起こっている。ネットにつながっている限り、攻撃から完全に免れることは不可能だ。

では、インターネットから隔離しておけば大丈夫かというとそんなことはない。そのことを広く知らしめることとなった怖い事件のひとつが、２００９年に行なわれたイランのウラン濃縮工場に対するサイバー攻撃だ。

イランの最高の国家機密であるウラン濃縮工場のシステムにどうやって侵入したのか。これには、スタックスネットと呼ばれるウインドウズ・パソコン向けのマルウェアが使われた。マルウェアとは、悪意のあるプログラムのことで、コンピュータウイルスのひとつ。スタックスネットは、ターゲットのパソコンに感染して破壊行為を行なう。

では、なぜ、インターネットにつながっていないのに、侵入できたのか。それは、USBメモリー経由だとされている。研究者などの職員が自宅のパソコンでなんらかのファイルをダウンロードした際に、いっしょにマルウェアをダウンロードさせ、そのファイルをコピーしたUSBメモリーを工場のパソコンにつないだとたん感染するという仕組みだ。

これを行なうには、ターゲットとした職員の行動パターンや趣味などを詳細に観察しなければならない。おそらく、スタックスネットを開発し、しかけたのは、どこかの国の諜報機関の人間だろうから、時間と金をかけて綿密な事前調査をやったことは間違いない。

日本人はセキュリティ意識も技術も、世界の水準に比べると段違いに低い。もし、日本の原発が攻撃対象になったら、と考えると怖いものがある。

そうならないようにまず、一人ひとりのセキュリティリテラシーを高めることが必要なのではないだろうか。

編隊を組んでダンスもできるドローンの飛行メカニズムとは？

ドローンが大活躍だ。テレビ番組ではドローンで撮影した高い位置から撮影した映像がよく用いられる。火山の監視や災害監視でも活躍している。アマゾンのように商品の宅配まで計画されている。一方で、「ドローンでテロリストを攻撃」といった、血なまぐさい利用法も報道される。

ドローンは、22ページでもふれたとおり、無線操縦や自律飛行によって離れたところから操作できる無人航空機の総称だ。だから、軍用の無人機のこともドローンと呼ぶことがある。ただ、ドローンといっても軍用のドローンは飛行機タイプのものが多いのに対して、民間用のものは、プロペラをいくつも搭載したマルチコプタータイプだ。一般にドローンというと日本ではマルチコプターのことを指している場合が多い。

ドローンは、いったいどうやって飛んでいるのか？　ドローンには、4個、6個、あるいは8個以上のプロペラが上向きについている。電源は搭載したバッテリーだ。エンジンではなく電気モーターでプロペラを回す。

プロペラが回転すると、下方に空気が流れるので、その反作用で空に浮かぶ。前方に進むときは、機体前方のプロペラの回転数を下げ、後方のプロペラの回転数を上げる。

また、プロペラの回転方向と逆の方向に胴体を回そうという力が働くため、隣り合ったプロペラは互いに逆方向に回転するようにしてある。

姿勢を安定させる制御は、内蔵したジャイロで行なう。風の影響でドローンの姿勢が乱れても、ジャイロで検知して、傾かないように各プロペラの回転数を微妙に変えて、推力を調整して水平を保つ。

このように非常にインテリジェンスな制御ができるため、安定して飛行できるのだ。機種によっては、気圧高度計・GPS・加速度計を内蔵しているので、高度・速度・針路を保持した飛行ができる。従来のラジコンヘリにはできなかったような技だ。

ドローンの飛行の自動制御を行なうのが、内蔵されたコンピュータだ。つまり、ドローンの動きは、プログラム次第でどのようにもできるということだ。

そのひとつに、ドローンのダンスがある。10機から数十機といったドローンを飛ばして、互いに無線でネットワーク化することで、空中で波のように揺れ動いたり、文字を書くなど、航空自衛隊のアクロバットチーム・ブルーインパルス顔負けの見事な空中演技をさせることができる。

ともかく、ドローンは安価なのが大きなメリットだ。戦闘機1機が数十億から数百億円するのに対して、ドローンは、1機、数万円からせいぜい十数万円。業務用のものでも、実機に比べればはるかに安い。

問題は事故だ。機械だから故障もする。強風にも弱い。墜落して人に当たれば死亡事故になる可能性もある。安全と便利を両立した活用法をめざしていきたいものだ。

ステルス戦闘機を見つけるレーダー技術は開発できないのか?

日本初のステルス実験機X-2が2016年4月22日、初飛行に成功した。世界の戦闘機の最新世代は第5世代戦闘機と呼ばれ、ステルス機能と高度な火器管制装置（ミサイルなどをコントロールするシステム）をもつことが要件となる。

第5世代戦闘機として、アメリカのF-22ラプター、F-35ライトニングⅡ、ロシアのスホーイT-50PAK-FAなどが挙げられる。どれも、高いステルス性をもっている。

ステルスとは、レーダーにほとんど映らないことをいう。航空機の位置はレーダーで探知している。レーダーに映らなければ、気づかぬうちに、自国領土に侵入され攻撃を受けるということになりかねない。

ステルス機は、レーダーの電波をできるだけ反射しないようにつくられている。ひとつは、胴体・翼などの形状の工夫。電波の進入方向と反射方向がずれるような形状にしている。車輪の格納カバーやそのほかの部品も、先端がとがったデザインになっている。これも電波を反射しにくくするためだ。

X-2も、平面を組み合わせたような形をしている。従来の流線形のスマートなデザインの飛行機に比べると不格好な印象があるかもしれないが、これが、最新世代戦闘機の「流行り」の形なのだ。

もうひとつは、機体表面に塗る塗料に電波吸収材を使用し、電波を反射しないようにすることでステルス性を確保している。

では、ステルス機なら無敵かというと、そうでもない。絶対にレーダーにとらえられない機体は存在しないからだ。

飛行機はさまざまな姿勢をとる。正面から接近してくる場合は、レーダーにとらえられにくくても、腹を見せた場合は、反射が多くなる。また、ステルス機はステルス性維持のため、外部にミサイルや爆弾を搭載しないようにし、ミサイルを発射するときだけ格納扉を開いて撃つ。そのときもやはり反射しやすくなる。ミッションによっては、ミサイルの搭載量を増やすため、外部に搭載するが、この場合も反射が大きくなってしまう。

また、ステルス機をとらえるレーダーの研究も進んでいる。レーダー電波の反射波があちこちに飛ぶのなら、複数のアンテナを広く配置しておいて、それらのセンサーの情報を時間を同期して合成して、位置を特定しようというものだ。

このように、完璧なステルス性をもつものはないが、レーダー波を反射しにくい航空機はある。それは、木製や樹脂製の飛行機だ。さすがに現在は木製・羽布(はふ)張りの飛行機というのは、ほとんどないが、炭素繊維強化プラスチックなどの樹脂製の飛行機は多い。こういった新素材を多用することで、レーダーに探知されにくい航空機をつくることができる。小型の無人機は樹脂製のものが多く、レーダーには映りにくいとされている。

旅客機の場合は、レーダーに映らないと航空管制上危険なので、炭素繊維の配列を工夫して、ステルス機とは逆にレーダー波を反射しやすくする工夫が行なわれているほどだ。

将来、強化和紙のような紙製なのにアルミ合金以上に丈夫な素材ができれば、無敵のステルス機ができあがるのだが……。

鳥のように翼がぐにゃぐにゃ曲がる飛行機は登場するか？

カラスでもトンビでも、鳥は実にうまく飛ぶ。獲物を狙うときは、翼を小刻みに動かしながら、頭は決して動かさず、まっすぐに獲物に向かっていく。姿勢を一定に保つことで、高いところから、地上にいる小さなネズミやモグラなどを狙うのだ。また、着陸するときは目標地点の手前で翼を立て、速度を落として、ほとんど静止した状態で止まる。どうしてこんな器用なことができるのだろうと、よく観察すると、翼を微妙に動かしているのがわかる。翼の付け根と先端部分の角度（迎え角）を変えたり、翼の先を開いたり閉じたり、尾羽を微妙にひねったりしている。

飛ぶ原理は飛行機と同じだ。飛行機の主翼に当たる大きな翼で揚力を生み、迎え角を変えて揚力（浮かぶ力）と抗力（ブレーキ）を調整している。飛行機の尾翼に当たる尾羽は、姿勢を安定させるためのものだ。飛行機の水平尾翼・垂直尾翼と同じ役目をしている。

推力は翼をはばたくことで得る。風を下方及び後方に向けて送り、その反作用で推進力を得

鳥の飛び方を真似たモーフィング翼の航空機

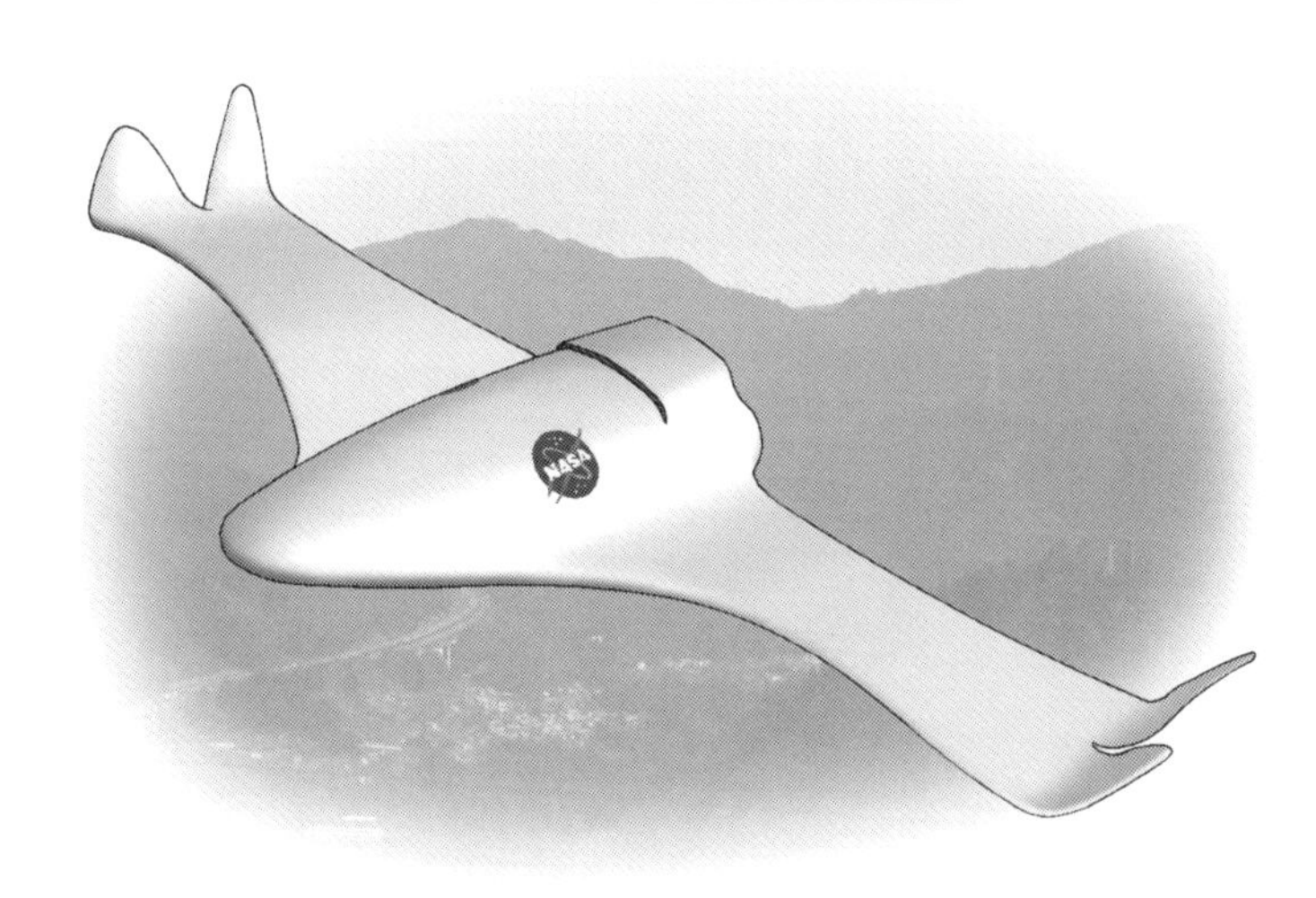

る。いったん速度がつけば、はばたきを止めて、滑空でも飛ぶことができる。このときは、まさにグライダーと同じ。

鳥は、空を飛ぶように進化した生き物なので、体を使って自由自在に飛ぶことができる。

ところが、飛行機はそうはいかない。機体はアルミ合金などの金属製だ。翼を鳥のように自由に変形することはできない。

姿勢を変えたり安定させるためには、左右の主翼の後ろについた補助翼（エルロン）、水平尾翼の後ろについた昇降舵（エレベータ）、水平尾翼の後ろについている方向舵（ラダー）を動かす。このほか、主翼の迎え角を変えたり、フラップを下げたりして、揚力と抗力をコントロールする。

この操縦法は、鳥に比べるとはるかに効率が悪い。

主翼を鳥のように、各部位ごとに、自在に膨らみ（キャンバーという）や迎え角を変えることができたら、もっと自在に飛行機を操ることができるのだ。

実は、このように自在に膨らみ、迎え角や形を変える翼の研究が進んでいる。形を自在に変えるコンピュータ・グラフィックスの手法の名前から、モーフィング翼と呼ばれている。

ＮＡＳＡは、すでに小型ジェット機のフラップにモーフィング翼を搭載して飛行試験を行なっている。滑らかに曲がるので、空力特性の急激な変化がなくなり、パイロットは滑らかに飛行機を操縦できる。

また抗力が小さくなるので、燃費が改善し、騒音も小さくなる。翼の内部に空気圧などで駆動するアクチュエータを内蔵し、翼に当たる空気の圧力を検知しながら細かく翼面の形状を変えることができれば、鳥と同じような飛行ができるようになる。前ページの図はＮＡＳＡがイメージしているモーフィング翼飛行機だ。

問題は、軽量で熱に強く丈夫でありながらゴムのように柔らかい弾性をもつ素材の開発だ。こんな素材が開発されれば、飛行機が鳥のようになる。

現在のリチウムイオン電池より桁外れに長持ちする革新的技術はいつ生まれる?

アメリカのテスラモーターズをはじめ、日本の自動車メーカーも、電気自動車（ＥＶ）の開発を進めており、すでに販売も始まっている。しかし、消費者サイドから見ると、１回の充電で走ることができる距離の短さが気になる。

一般のガソリン車なら、満タンにすると、５００〜７００キロメートルくらいは走る。これに対して、電気自動車は、半分程度のものが多い。

これは、バッテリーの容量がまだ十分ではないからだ。バッテリーを2倍積めば、走行距離も2倍になるが、重くなり容積も増える。価格にも跳ね返る。

いまのところ、各メーカーの努力でかなりの航続距離を達成しており、いずれもメーカー発表値であるが、１回の充電で日産リーフが最大で２８０キロメートル、アメリカのテスラは５００キロメートルも走るとしている。

電気自動車の航続距離は、米国環境保護庁（ＥＰＡ）の定めた基準と、日本の基準であるＪ

C08モードがあるが、EPAのほうが、日本の基準より厳しい数字が出る。

ガソリン車の場合も同じだが、実際の走行距離は、カタログ値よりも低いのが普通だ。

というわけで、いま、電気自動車に求められているのは、バッテリーの高性能化だ。

国立研究開発法人新エネルギー・産業技術総合開発機構（NEDO）が作成した「自動車用2次電池技術開発ロードマップ2013」によれば、2020年頃までには、航続距離300キロメートルをめざし、バッテリーパックの重量を2012年時の半分くらいの140キログラム近くまで軽減し、容量は1・5倍の35キロワット時をめざすとしている。さらに2030年頃には、走行距離500キロメートル程度、重量80キログラム、容量40キロワット時を実現したいとしている。このくらいまでいけば、電気自動車が現在のガソリン車にとってかわるだろう。

しかし、ここで問題が出てくる。2020年の水準までは、現在のリチウムイオン電池の電極材料を開発するなどで実現できそうなのだが、2030年のレベルになると、バッテリーのブレークスルーが必要になる。また、原材料として、リチウム、マンガン、コバルトなどのレアメタルが必要なこともあり、不安定要因となっている。

そこで、2030年をめざしたブレークスルーに向けて、次世代高性能バッテリーの研究が進められている。

次世代バッテリーとして研究開発されているのは、マグネシウムやアルミニウムを電極材料とする金属負極電池、ナトリウムイオン電池、リチウム硫黄電池、金属空気電池などだ。この次世代バッテリーの開発がうまくいけば、電気自動車の性能はガソリン車を抜くことになる。

さらに、高性能2次電池は、電気自動車だけでなく、家庭やオフィスで、自然エネルギーと組み合わせて使う定置型バッテリーとしても有用だ。市場規模も大きい。将来のエネルギー問題解決のためにも、バッテリーのブレークスルーが期待される。

人工の〝蜘蛛の糸〟ができた！カーボンナノチューブは万能の新素材なのか？

ノーベル賞に最も近い日本人科学者のひとりが、カーボンナノチューブの発見者・飯島澄男博士だ。

カーボンナノチューブというのは、カーボン、つまり炭素原子1個の厚さのシートをまるめてチューブ状にしたものだ。ナノは、10億分の1を表す単位だが、まさにナノスケールの小ささだ。

直径は0・7ナノメートルから70ナノメートル程度、長さ、数十マイクロメートル程度の極微のチューブだ。1991年、当時NECの研究所にいた飯島博士が、フラーレンの研究中に発見した。

フラーレンとは、炭素原子60個がサッカーボールのような形に結合した中空の球体だ。直径は約1ナノメートル。1メートルの10億分の1メートルだ。フラーレンは、半導体の電極や医薬品の創生などに役立っているが、カーボンナノチューブは、さらに応用範囲が広がる。

髪の毛の1万分の1というナノスケールのカーボンナノチューブだが、びっくりするような機能をもつ。

こんなに細いのに、非常に丈夫なのだ。質量はアルミニウムの約半分で、引っ張り方向の強度が鉄の100倍だ。また、電気をよく通す。半導体の配線間隔が15ナノメートルを切るようになったいま、より微細な半導体の配線としてカーボンナノチューブが注目されている。熱もよく伝えるので、半導体の放熱にも使うことができる。

このほか、化学的に安定しているので、チューブのなかに医薬品を入れて、体内の患部に直接送るターゲットデリバリーに使える。また、電波吸収材にも使えるとされている。水素社会への転換が提言されているが、内部に水素をため、貯蔵・運搬するのにも役立つ。

カーボンナノチューブは、低コストで量産するのが難しかったが、ようやく技術的めどがたってきた。地上数万キロメートルの高さにまでエレベータで行き来できるということで話題になっている「宇宙エレベータ構想」も、カーボンナノチューブを活用すれば、実現に近づけるかもしれない。

成功すれば「世界を制する」ともいわれる、複合材料の研究の実態とは？

ＡＮＡやＪＡＬが導入しているボーイング７８７型機は、機体重量の50パーセント以上に炭素繊維強化プラスチック（ＣＦＲＰ）が使われている。この新素材は日本メーカーの製品だ。炭素繊維とエポキシ樹脂を複合した材料で、丈夫で軽く、耐久性に優れ、湿気に強い。機体重量の50パーセントを炭素繊維強化プラスチックにすることで、従来機と比べて20パーセントも軽くなった。軽くなると燃費が向上する。

また、機体が軽くなると、エンジンのパワーを絞ることができるので、騒音が低減し、CO_2の排出量も減る。湿気に強くて腐食しにくいので、従来機ではできなかったような機内の空気に加湿ができる。従来機のような乾燥した空気を吸わなくていいので、肌もカサカサになりにくい。

とくに低燃費・低騒音は現代の飛行機にとって必須の条件なので市場も大きく、日本メーカーが必死に頑張っているというわけだ。

ジェットエンジンも同様だ。ジェットエンジンは、エンジンの直径が大きくなる傾向にある。これは、エンジンの内部だけでなく外側にも大量の空気を流すためで、高バイパス比エンジンという。エンジン前部の膨らんだ部分には、大きなファン（羽根がたくさんついたプロペラのようなもの）がついている。

径が大きくなるにしたがって重量が増えてくるので、ファンブレードに軽量な炭素繊維強化プラスチックを使うことが考えられている。

また、エンジンの燃焼室の後部には、高圧タービンと呼ばれる部分があり、回転する羽根がついている。この部分は高熱に耐えなければならないので、セラミクス基複合材CMCを使うことが考えられている。

炭素繊維複合材もセラミクス基複合材も日本が得意とする分野で、世界の航空機エンジン市場で少しでも多くのシェアをとろうと頑張っているところだ。

飛行機に限らず、新素材の開発によってグローバル化した世界市場で覇権（はけん）を手にすることができるかどうかが決まる。

ところがひとつ課題がある。新素材に欠かせないものに、レアメタルやレアアース（希土類元素）があるのだが、産出国が偏っているのだ。

そこで、レアメタルやレアアースを使わない材料の研究も進められている。そのひとつが、ネオジムを使用することなく、強力な磁石を実現する技術だ。強力な磁石をもつモーターは、電気自動車に欠かせない。

さらに競争が熾烈なのは、高温超伝導材料だ。高温といっても、氷点下の低温なのだが、それでも少しでも高い温度で超伝導（電気抵抗をゼロにする）を起こす材料のほうが低コストで使える。

より高温で超伝導を起こす材料を見つけるために、膨大な数の物質の組み合わせを試してみなければならない。これを、デジタル技術で加速しようというのが２０１１年にアメリカのオバマ政権が打ち出したマテリアル・ゲノム・イニシアティブ・プロジェクトだ。

素材開発に、計算機シミュレーションを活用して、最先端材料の開発と市場投入を短縮化しようというものだ。このとき決め手となるのが、ディープラーニング（深層学習、自ら学習する機能をもつＡＩ）やビッグデータ解析（蓄積された膨大なデータを解析する）の技術だ。

新素材のほか、医薬品や種子も同じだ。新しい画期的なものを開発し、独占的に使用するものが世界を制するのだ。

無限の可能性をもつ超伝導はなぜ高温を目指すのか？

超伝導は、すでに身近なところで活用されている。東京（品川）―名古屋間の工事が始まったリニア中央新幹線の磁気浮上システム、体の断層画像を撮影するＭＲＩの超伝導磁石、損失の少ない超伝導送電などがある。どれも、超伝導技術がないと実現できない。

超伝導とは何か？　ざっくりと説明しておこう。電線に電流を流すと、通常は電気抵抗が発生する。電線の長さが長くなるほど抵抗が増える。

ところが、特定の金属化合物は、絶対零度（マイナス２７３・１５℃）付近まで冷却すると、電気抵抗がゼロになるのである。

ということは、いったん流した電流は抵抗がないので、永遠に流れ続けるということだ。だから、長距離送電しても損失が少なくなる。

また、超伝導コイルを使うと強力な磁場をつくることができる。超伝導は電気の損失を抑え、エネルギーを有効に使えるというわけだ。

もうひとつ、超伝導にはマイスナー効果というものがあって、超伝導状態の物質には磁力線が入らない。だから、磁石を空中に浮かべることができる。マイスナー効果のほうは、まだ工業的に利用されていないが、抵抗ゼロのほうは産業波及効果が大きい。

ところが、超伝導には課題があった。それは極低温にならないと起こらないので、冷却しなければならないということだ。そこで、絶対零度より４℃高い（マイナス２６９・１５℃）液体ヘリウムが冷却するのに使われた。しかし、液体ヘリウムは高価だ。しかも最近は入手しにくくなっている。

そこで、高い温度で超伝導を起こす物質が求められていった。１９８０年代になって、絶対零度より90℃高い90ケルビン（マイナス１８３・１５℃）で超伝導を起こす銅酸化物系の材料が発見され、高温超伝導の実用化が進んでいった。この温度で超伝導を起こせば、冷却は廉価（れんか）な液体窒素（77ケルビン＝マイナス１９６・１５℃）ですむ。高温超伝導の「高温」とは、液体窒素温度を超えるくらいの温度のことだ。

もっと高い温度で超伝導を起こせば、さらにコストが下がる。現在見つかっている超伝導物質で最も高い温度で超伝導を起こすものは、１３０ケルビン（マイナス１４３・１６℃）。これよりもさらに高い温度で超伝導を起こす材料が見つかれば、エネルギー事情が一変するほどの大変革が起こる。

目標はドライアイスの温度、マイナス79℃だ。この温度で超伝導を起こす材料が見つかると大革命だ。まだまだ時間はかかりそうだが、世界の研究者が血眼(ちまなこ)になって研究している。

“物質”のゲノム解析が人間ではなく目指すものとは？

ヒトの遺伝子をすべて解析するヒトゲノム計画はひとまず完了したが、これを新素材の開発でもやろうというのがマテリアル・ゲノム・イニシアティブ・プロジェクトである。

アメリカが２０１１年に立ち上げたプロジェクトで、新素材の発見・創生に人工知能などの情報技術を駆使して開発速度を上げようというもの。新材料が国の産業競争力を決める。いま、世界は新素材開発「戦争」の真っ最中だ。

例えば、高超伝導材料。前述のようにより高い温度で超伝導を起こす材料が見つかれば、エネルギー革命が起こる。入手しにくいレアアースを使わない超強力磁石ができれば、電気自動車の高性能化・低コスト化につながる。リチウム電池をもっと高性能にしたり、次世代の高性能電池の開発にもつながる。また、新触媒材料は、燃料電池を高性能化する。

このように新素材・新材料がこれからの産業競争力を左右するのだ。

アメリカのマテリアル・ゲノム・イニシアティブ・プロジェクトにならって、日本でも、2015年から「情報統合型物質・材料開発イニシアティブ」という国家プロジェクトが開始された。

このプロジェクトでも、コンピュータと人工知能技術が駆使される。何千何万とある物質をどのように組み合わせると有用な物質をつくり出せるか。これまで、研究室の大学院生まで総動員して手探りで試行錯誤（しこうさくご）してきた作業を、コンピュータの助けを借りて一気にやってしまおうというわけだ。

人工知能に関する技術は、日本はアメリカに10年以上遅れている。しかし、何とか、人工知能技術の開発も含めて頑張ってほしいものだ。同プロジェクトに、日本の科学技術と産業界の命運がかかっているといっても過言ではない。

AIが人類を滅ぼすという「シンギュラリティー」は本当に起こるか？

AI（人工知能）については、たびたび触れてきた。2016年時点で、日本では、将棋のトップ棋士と対戦する将棋電王戦で、ＡＩが連勝している。また、前述のとおりグーグルのアルファ碁というＡＩが、韓国囲碁界のトップ棋士に勝利した。囲碁は将棋よりも桁違いに複雑多岐な組み合わせがあり、これをコンピュータソフトであるＡＩがやってのけたことで、世界の人々を驚かせた。

アルファ碁は、グーグルに吸収されたディープマインドという会社が開発したＡＩだ。ディープラーニング（深層学習）という技術を使っている。

これについてもすでに述べたとおり、ディープラーニングは、人間の脳神経の機能を模したＡＩだ。人間の脳のなかには、大脳だけでも数百億個、全体では１０００億個を超える脳神経細胞（ニューロン）がある。

そしてそれぞれが、シナプスというほかの神経細胞と接続するためプラグのようなものをもっている。シナプスでニューロンどうしが結合して、巨大な回路をつくり上げているのが脳だ。シナプス結合の数は、１００兆以上もあるといわれている。

ディープラーニングは、脳のメカニズムを工学的に模したもので、こういった計算をすることをニューロコンピューティング、計算を行なう回路をニューラルネットワークという。

脳は、１００兆というシナプス結合を使って、いくつもの階層にわたって、記憶や思考を行なっている。

数学のドリルを何度もやると解き方を覚えたり、野球の練習を何度も繰り返すと野球がうまくなったりする。このことからもわかるように、繰り返し脳に刺激を与えることで、脳神経の結びつきの特定の部分の回路が「太く」なる。その結果その部分の情報伝達能力が上がるので、脳と体は、新しいことを覚えていく。

これを重みづけというが、ディープラーニングは、この重みづけをコンピュータプログラムで行なっているのだ。

だから人工知能は、勉強すればするほど、入力される情報が多ければ多いほど、頭がよくなっていくのだ。

アルファ碁は、過去の人間の棋士の棋譜の多くを覚えていった。しかも、その量が半端ではない。人間が一生かかっても、読み切れないほどの情報量を短期間で読み取って学習したのだ。人間には不可能なことをＡＩは簡単にやってのけるので、人工知能はいずれ人間の能力を超えるだろうといわれている。

その地点をシンギュラリティー（技術的特異点）という。ここに達するのは２０４５年と考えられているので、これを「２０４５年問題」と呼ぶ。

イギリスの車椅子の物理学者ホーキングは、「ＡＩは人類を滅ぼす」と予言して話題になった。また、イギリス・オックスフォード大学のマイケル・オズボーンは、ＡＩの普及によって消える職業をいくつも挙げて話題になった。販売員、会計士など、事務職員のような単純労働から会計士のような知能労働まで、多くの職業がリストアップされている。

しかし、本当に、そういう時代がくるのか？　ならば、そのときに備えて、人間にしかできないことを考えておいたほうがいいかもしれない。しかし、「人間にしかできないこと」って何だろう？　それが問題だ！

コンコルドの退役後、超音速旅客機はどうなった？

唯一商業運航を行なっていた超音速旅客機コンコルドは、２００３年11月に、全機退役した。運航開始が１９７６年１月だから、極めて長期間活躍したといえるのだが、その分、設計は古い。試作機の初飛行は１９６９年である。製造数はわずか20機に終わった。

コンコルドは、マッハ２の超音速で飛ぶ。フランスのエールフランスと英国のブリティッシュエアウェイズがパリ―ニューヨーク、ロンドン―ニューヨーク、ロンドン―ワシントンＤＣなどの路線で定期運航していた。パリ―ニューヨークを、普通の旅客機の半分くらいの３時間半で結んだ。

まさに、夢の超音速機だったのだが、課題も多かった。まず、超音速飛行時にはソニックブームと呼ばれる大音響が響き渡る。そのため、超音速飛行は洋上に限られた。

また、離陸滑走距離が長いため、大きな飛行場でしか運航できなかった。燃費が悪く航続距離も短いので、太平洋を無給油で飛行することはできなかった。座席も100席ほどしかない。料金も高かった。

さらに、事故が追い打ちをかけた。2000年に、エールフランスのコンコルドが、パリ近郊のシャルル・ド・ゴール空港で離陸直後に墜落事故を起こし、乗員乗客全員が亡くなった。事故原因は、先に離陸した飛行機が落とした部品の一部が滑走路上に残っており、それを踏んだコンコルドのタイヤがパンクしたためだった。コンコルド側の原因ではなかった。

コンコルド退役の後、民間の超音速機はなかったのだが、ここにきて、また超音速機が見直され始めている。NASAは、QueSSTと呼ばれるソニックブームを軽減した超音速旅客機の開発を行なうことを発表しているし、日本のJAXA（宇宙航空研究開発機構）もソニックブームを軽減した独自の形状の無人試験機の飛行試験に成功している。将来は、マッハ5程度の超音速旅客機の開発をめざすという。

マッハ5の超音速機は、東京―ニューヨークを3時間程度で結ぶことができる。また、洋上での救難用にも役立てることができる。船舶や航空機の事故現場に、いち早くかけつけて、ゴムボートを投下するだけでも、命を救うことができる。

超音速機の開発には膨大なコストがかかるが、将来性は高い。

6章
壮大な宇宙の謎から夢とロマンを語りなさい

国家の威信をかけた惑星探査や、想像力をかきたてる宇宙論は、誰もが興味津々。

難解になりがちなこのテーマをわかりやすく話すことで、明晰な頭脳とピュアな人柄を印象づけよ！

小惑星探査機「はやぶさ」のイオンエンジンはどんな仕組みで飛ぶのか？

２０１０年6月13日、奇跡の帰還をとげたＪＡＸＡ（宇宙航空研究開発機構）の小惑星探査機「はやぶさ」。これに搭載されていて話題になったのがイオンエンジンだ。

飛行中に、全エンジンが故障して、一時は帰還をあきらめかけた。イオンエンジンは、機体の姿勢と軌道を制御するために用いる。イオンエンジンが使えないと、地球への帰還軌道へ誘導できない。

ここで、まずイオンエンジンの仕組みについて簡単に説明しておこう。イオンというのは、電気を帯びた微粒子のことだ。原子に高エネルギーを加えると、プラスの電気を帯びた粒子とマイナスの電気を帯びた粒子に分かれる。これを電離という。正負に分かれた粒子が混在している状態をプラズマという。電気を帯びた粒子がいわゆるイオンで、プラスのものが陽イオン、マイナスが陰イオンだ。

イオンエンジンは、キセノン原子に、マイクロ波を当てて電離させ、プラズマをつくる。その後ろにマイナスの電極を置くと、プラズマのなかの陽イオンはマイナスの電極に吸い寄せられる。マイナスの電極を格子状にしておくと、陽イオンは隙間を通って電極を通過する。マイナス電極を複数配置しておくと加速させることができる。さらに、この後ろに、電気を中和する装置をつけ、陽イオンがマイナス電極に吸い寄せられて戻ることがないようにしてある。こうして、陽イオンの速い流れをつくり、これを推力として使うというわけだ。

イオンという小さな粒子でも、大量のイオンを速い速度で噴き出させることで推力を得ることができる。粒子の運動エネルギーの反作用が衛星に働くのである。

ちなみに、太陽風を受けて推進する、ＪＡＸＡの宇宙帆船「イカロス」（ソーラー電力セイル実証機）も、太陽からやってくる光の粒子を帆に受けてその反作用で推進するものだ。

さて話は戻るが、イオンエンジンはヒドラジンなどの化学燃料を使う方式に比べて、燃料の使用量が10分の1と非常に少ないので、搭載量が少なくてすむ。つまり衛星を軽くでき、長時間の運用に対応できる。デメリットとして、加速するのに時間がかかるということがある。しかし、飛行機のように急に方向を変える必要がないし、軌道は加えた力に応じて、計算どおり動くので、どれだけの時間、イオンエンジンを噴射すれば、軌道と速度にどれだけの変化が起こるかをニュートン力学によって簡単に算出できる。

現在、改良され信頼性が向上した新しいイオンエンジンを搭載した「はやぶさ2」が、あらたな目標である小惑星「リュウグウ」に向けて飛行中だ。到着予定は2018年。成果が楽しみである。

偵察衛星は世界のどこでも自在に監視できるのか？

明るく輝く国際宇宙ステーション（ISS）が、ときどき、日本上空を通過していく。通過する時間と位置は、公開されているので、見たことがある人も多いだろう。地平線付近に現れたと思ったら、かなり速い速度で夜空を横切っていく様子は見事だ。

飛行機雲を出して飛んでいるジェット機よりもずっと速く見えるが、宇宙ステーションは、いったいどれくらいの速度で飛んでいるのだろうか？　答えは、時速2万7600キロ。地球を、約1時間30分で一回りする。秒速にすると、7・6キロメートル毎秒。地上付近（海面上）の音速の22・5倍だ。

人工衛星の速度は、円軌道の場合、高度によって速度が決まる。高度が高くなるほど、重力が弱くなるので、遅い速度でも、地球の周りを回り続けることができる。国際宇宙ステーショ

偵察衛星と静止衛星の違い

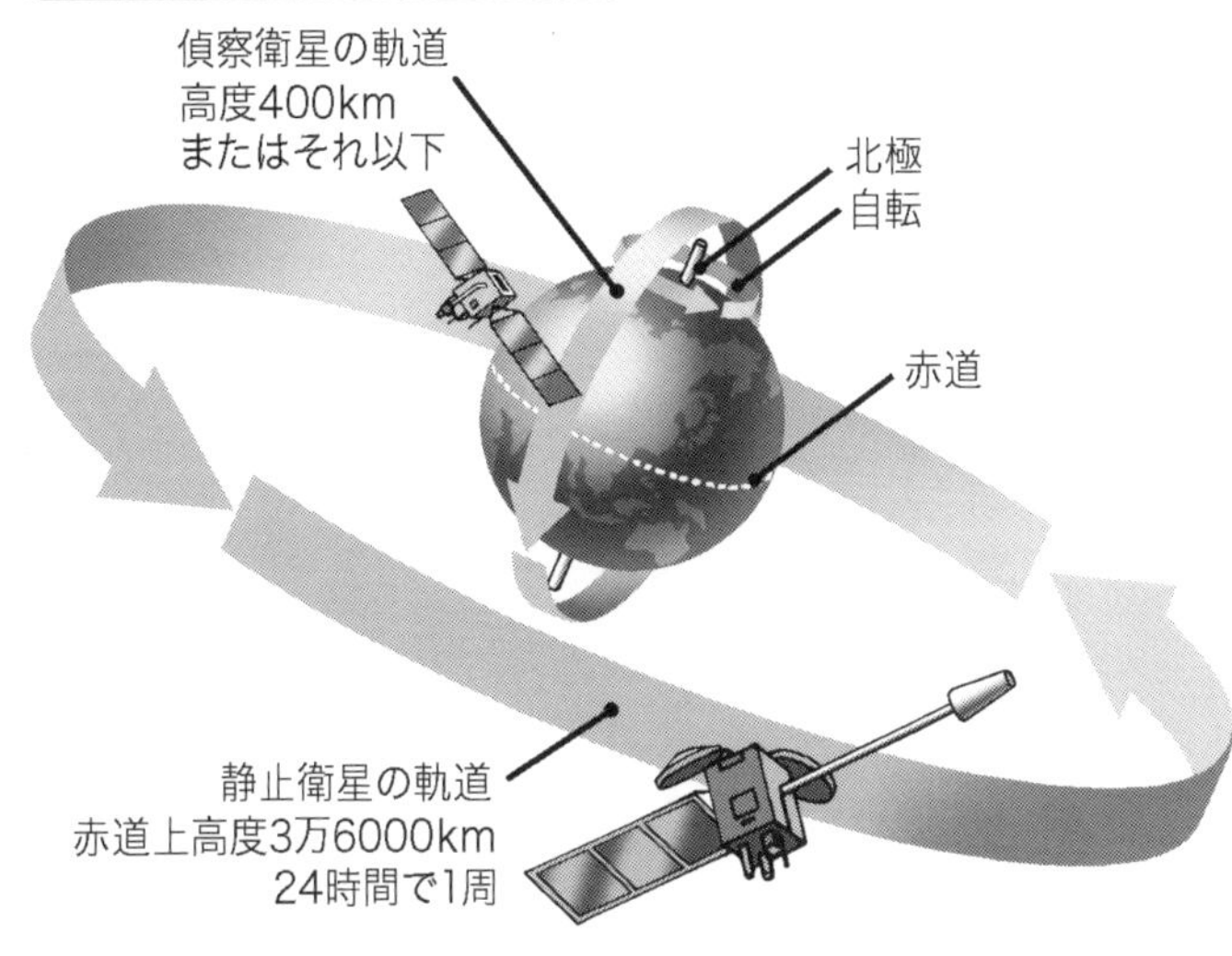

ンの高度は400キロなので、前述のとおり、秒速7・6キロ。仮に、地表すれすれ（海面上）で衛星にしようと思うと、空気抵抗を考えないとして、秒速7・9キロだ。これが第一宇宙速度。これより速い速度で打ち出すと、第二宇宙速度（秒速11・2キロ）以下なら楕円軌道になる。第二宇宙速度を超えると、地球の重力圏を振り切って太陽系のかなたまで飛行できるようになる。

話は元に戻るが、前述のように円軌道だと高度が高くなるほど遅い速度で回ることができる。約3万6000キロメートルの高度になると、秒速約3キロになる。この速度は地球の自転速度と同期しているので、地上から見て常に同じところに見える。これが静止衛星だ。気象衛星のように定点観測をする必要があるものや、通信衛星のように常に特定の地上局のほうにアンテナを向けておかなくてはいけない衛星は静止衛星である。

さて、では偵察衛星だが、どのような軌道と高度をとっているのか。軌道は、南北に回る太陽同期軌道だ。軌道面と太陽との成す角度が常に一定になるので、時間経過による地表の状態の比較がしやすい。

高度は低い。高度３００キロを周回すれば、１時間半ほどで地球を一周できる。だが、ずっと同じ場所にとどまることはできないので、ひとつの場所を継続して監視し続けることはできない。

一方、気象衛星は静止衛星なので、同じ地域を監視し続けることができる。しかし、高度が高いので、偵察衛星のように解像度10～30センチメートルという高精度の観測は無理だ。ただ、米軍の早期警戒衛星ＤＳＰは、地上からミサイルが発射されたときのロケット噴射の熱を、静止軌道上から赤外線センサーで監視している。

また、もっと低高度を回る偵察衛星を打ち上げることもある。解像度が向上するが、薄い大気に邪魔されてすぐに高度が下がってしまう。だから、ピンポイントでどうしても詳しい情報が必要な場合に使われる。

そういうわけで、偵察衛星にも限界があるので、Ｕ－２型機など高高度を飛行できる偵察用の航空機はまだまだ欠かせないのだ。

国際宇宙ステーションでは、「濡れタオルで身を守る」とはどういうことか？

日本人宇宙飛行士は、ＴＢＳ記者だった秋山豊寛（とよひろ）氏（１９９１年飛行）から始まって12人。テレビによく出てくる飛行士も多く、みんな「宇宙から見た地球は素晴らしい」とうれしそうに語る。なので、「宇宙ってさぞいいところだろう」と思うかもしれないが、実際には非常に過酷な場所だ。

国際宇宙ステーション（ＩＳＳ）の飛行高度は４００キロメートルなので重力はほとんどない。ごくわずかな大気は残っているが、気圧はほとんど０。温度は、太陽の当たる側は１２０℃以上、反対側はマイナス１５０℃以下にもなる。

空気もなければ温度変化も激しすぎ。とても、人間の住める環境ではない。そこで、人間は空気を満たし、空調をかけて温度を一定にした、宇宙船のなかで暮らす。

しかしである。宇宙船のなかにいても深刻な脅威から逃れられない。それは放射線だ。

放射線は、広島や長崎への原爆投下、あるいは福島第一原発の事故で、その恐ろしさを日本人は身をもって体験した。放射線被ばくによる人体への影響を表す単位がシーベルト（Sv）だ。地球上で普通に暮らしていると、年間2・4ミリシーベルト（世界平均）の自然放射線を浴びる。ところが、宇宙ステーションでは、地上の約100倍の年間180〜360ミリシーベルトの放射線を浴びる。

とくに大規模な太陽フレアが発生すると、放射線の量が激増する。宇宙ステーションの外殻は、放射線に対しての防御が十分ではない。そこで、太陽フレアが発生し、放射線が増えることが予想されるときは、比較的装甲の厚いロシアのモジュールに、宇宙飛行士全員が避難する。

そもそも、宇宙線とは何かというと、太陽や銀河からやってくる、陽子、電子（ベータ線）、ヘリウム原子核（アルファ線）、ガンマ線などだ。

地球の周り6万キロメートルくらいまでは、地球磁場によって磁気圏ができていて、放射線が入りにくくなっている。だから、地球上では、年間わずか2・4ミリシーベルトの被ばくですんでいるのだ。しかし、宇宙ステーションの高度は、磁気圏のなかではあるが、地上よりはるかに多くの放射線が降り注いでいる。

放射線を遮断するには鉛がいちばんいいのだが、重いので宇宙船には使えない。電気的にバリアをつくる方法もあるが、これも、重量・電力・コストの問題で難しい。残るは水だ。水をたっぷりはっておけば放射線を防げる。しかし、これもやはり重さと運搬の困難から実現しない。

そこで、放射線医学総合研究所の研究者はうまいことを考えた。濡れタオルを使う方法だ。国際宇宙ステーションに標準搭載されている体を拭くための濡れタオルを利用するのだ。4層に重ねた濡れタオルで放射線を遮蔽（しゃへい）する実験を行なったところ、放射線量を37パーセント軽減できたという。すでにあるものを使うので重量も増えないし、使用済み濡れタオルを再利用するので無駄がない。しかし、濡れタオルで放射線を防ぐとは、宇宙飛行士も苦労しているのである。

「宇宙では、いたるところで弾丸で撃ち抜かれる」とはいったいどういう意味か？

銃で撃たれまくる――。こんなことが宇宙で起こっている。宇宙空間が人間にとって厳しいのは、空気がないことや温度環境・放射線環境がむごすぎることだけではない。まさに、弾丸がぶつかってくる可能性があるのだ。弾丸といっても銃の弾ではない。弾丸の正体はスペースデブリ。宇宙のゴミだ。

初めて地球の周りを周回する人工衛星が打ち上げられたのは1957年10月。ロシア（当時のソ連）のスプートニク1号だ。以降、多くの衛星が、アメリカ、ロシアをはじめ、世界先進各国から打ち上げられている。NASAの資料によると、その総数は6800個を超え、そのうち2400個ほどの衛星は寿命の尽きたまま地球の周回軌道を回っている。では、残りの4400個はどうなったのか。

その多くは、大気圏に突入して燃え尽きてしまったが、衛星打ち上げ用ロケットの破片、衛星の付属物など多くの大小の物体が、スペースデブリとして地球の周りを回っている。

高度600キロメートルくらいまでのデブリは、わずかに残っている薄い大気が抵抗となって徐々に速度が低下するため数年から数十年で落下し、小さなものは大気圏内で燃え尽きてしまう。しかし、高度800キロメートル以上のものは、数百年にわたって回り続ける。だから、スペースデブリがいちばん多く存在するのは、高度700～900キロメートルくらいのところだ。

広い宇宙といっても地球のすぐ近くでは、ときどき衛星どうしの衝突が起こる。2009年2月には、ロシアの軍事通信衛星コスモス2251号とアメリカのイリジウム33号通信衛星が衝突し、大量の破片を飛び散らさせた。また最近は、地上から衛星の破壊実験を行なう国もあり、デブリの量が急増している。

数センチメートル以上の大きさをもつ位置・軌道がわかっているデブリだけで、1万6000個、数ミリメートル～数センチメートルのものは、数十万～数千万個といわれている。

国際宇宙ステーションの高度400キロメートルで、デブリの速度は秒速7・6キロほどだ。ライフル銃の弾丸の初速が秒速1キロくらいだから、それよりずっと速い。位置関係によっては相対速度が2倍ほどになることもある。直径数ミリのデブリといっても破壊力は大きい。だから、デブリが国際宇宙ステーションにぶつかると、たいへんなことになる。

そこで、アメリカ、日本をはじめ、世界各国が、レーダーと光学望遠鏡を使って、スペースデブリの監視を行なっている。しかし、10センチメートル以上の大きなものはほぼ把握されているものの、数ミリメートル～数センチメートルの数十万個以上もあるデブリの大半は、位置も軌道もよくわかっていない。

そこで、国際宇宙ステーションでは、1センチメートル以下の小さなデブリは、胴体の外側に張ったバンパーで受け、軌道が判明している10センチメートル以上のものは接近してくると、事前に軌道を変えて避けている。

数センチメートルクラスのデブリがぶつかった場合は、穴の開く可能性があるが、その場合は、穴の開いたモジュールを閉鎖し、飛行士はほかのモジュールに移ることになっている。

一見かっこよく見える飛行士だが、地上にいる人間には想像もつかないような苦労をしているのである。

いま、この数センチメートルサイズのデブリを除去するために、レーザー光を当て速度を低下させて落下させる「高強度レーザー・スペースデブリ除去技術（理化学研究所）」や、電線に電流を流して、周囲にできる磁場の力でデブリの速度を落とす、「導電性テザーＥＤＴ（ＪＡＸＡ）」など、除去技術の研究開発が進められている。放射線やらデブリやら、ほんとに宇宙はたいへんなところである。

火星旅行を提案している企業があるが、火星で生活できるのか？

火星に人類の足跡が印されるのはいつになるのだろうか？　胸躍る話ではあるが、そのためには、まだ克服しなければならない課題が山積している。

まず、火星に向かうのに時間がかかりすぎるという問題がある。

火星ロケットは、エンジンをふかし続けて飛行するわけではない。最初に火星に到達できる発射角と初速を決めて打ち出し、あとは、エンジンを止めて慣性だけで火星に向かう。この通常の軌道（ホーマン軌道という）を飛行すると、火星に到達するまで260日くらいかかる。また、打ち出すときの火星と地球の位置関係が適切でなければならないので、打ち上げ時期が限定される。最適な位置での打ち上げを逃すと、1年以上待たなくてはならなくなる。

火星に到達したあとも、地球へ帰還するための軌道を飛行するには、1年と3か月ほど待たなくてはいけない。この間に火星探査をして、帰りにまた260日くらいかかる。すぐお隣の火星への旅でも、3年近くの日数が必要だ。

宇宙船に燃料をたっぷり搭載できれば、宇宙空間に出てからもエンジンを作動し続けて加速することができるので、地球と火星がどんな位置関係であっても、飛行日数は短縮できる。しかし、この場合は、搭載燃料の量が膨大になるので現実的ではない。

3年の間、宇宙空間で、宇宙飛行士の生命を維持しなければならない。食料をどうするか、精神の安定は保てるか、宇宙放射線からどう守るか、など課題は多い。

また、火星に降り立ってからもたいへんだ。火星の大気は極めて薄い。地表面での気圧は7・5ヘクトパスカル、地球の145分の1だ。しかも大気の組成は、二酸化炭素が約95パーセント、酸素はわずか0・13パーセントだ。これでは生きていけない。

さらに、気温はマイナス130℃からプラス数℃の間。気温だけをみると、なんとか人間が生きていけないこともないようにみえるが、大気がほとんどなく地面が岩石のため、暖まりやすく冷めやすい。砂漠のような気候だ。

というわけで、火星に住むためには、酸素をつくり出し、空調機を使って大気圧を145倍に高めないといけない。最近の探査によれば水は地中にあるようだが、作物がないので栽培しないといけない。水も衛生上、大丈夫なものかどうかわからない。そのほかの有毒物質もあるかもしれないし、原始的なウイルスや細菌がいて人間に害悪を及ぼす可能性もある。

また、地球のような磁場もない。そのため、宇宙放射線が容赦なく降り注ぐ。

もう最悪の環境だ。火星に住むためには、根本的に、環境を改善しなければならない。そのためには、まず基礎研究が必要だ。その間の費用と時間を考えたら、火星で人類が生きていけるようになるには、まだ100年や200年はかかるだろう。一般人向けの火星旅行というのも、夢があっていいが、実現するのはまだ先のことではないだろうか。

太陽系の近くの惑星が続々と発見されるようになった事情とは？

地球よりも少し大きな地球型の惑星をスーパーアースという。

存在する場所は、太陽系の外だ。地球型というのは、岩石でできた地表をもつ星のことだ。これに対して、水素などのガスでできている惑星を木星型惑星という。

「太陽系の近く」といっても、数十光年から数千光年も離れた星だが、最近になって、恒星の周りを回る惑星がいくつも発見されるようになった。

　太陽系の成り立ちからいって、ほかの太陽系（惑星系と呼ぼう）にも惑星が存在するだろうことは以前から予想されていた。しかし、見つけるのはそう簡単ではない。なにしろ遠い。何十光年、何千光年も遠方になると、惑星どころか惑星系の中心にある恒星ですら光の点にすぎず、実際に拡大して表面を見ることはできない。そこで、間接的に惑星を見つける試みが行なわれるようになった。

　方法は3つある。ドップラー法、トランジット法、重力レンズ法だ。それぞれを簡単に説明しよう。

　ドップラー法とは、惑星系の中心にある恒星が、惑星との重力の関係で、ひょこひょこ動く、その動きをスペクトルの偏移(へんい)（波長のズレ）から知ろうというものだ。地球に近づく動きをしているときは、スペクトルが青いほうにずれ、遠ざかるときは赤いほうにずれる。わずかな差だが、天文学者の努力で、この差をとらえることができるようになった。

　トランジット法とは、中心星の表面を惑星が横切るとき、中心星の明るさがわずかに暗くなる。この違いをとらえて、惑星の大きさや軌道を推定する。

もうひとつの重力レンズ法は、ターゲットの惑星系の手前に別の恒星が重なったときに、手前の恒星の重力で空間がゆがむようすをとらえるものだ。ターゲットの星に惑星があると、惑星もわずかに空間を曲げるので、地球に届くかすかな光の変化を観測することで、ターゲットが1個かそれとも複数かがわかる。

これらの技術が1990年代から急速に発達し、ついに1995年10月、スイスの研究チームが、ペガスス座51番星（距離約50光年）に惑星があることを初めて発見した。この惑星は、木星の半分の質量をもち、中心星のすぐ近く（太陽地球間の20分の1）を4日間で公転する、表面温度が1000℃もある巨大惑星だった。

木星並みに大きく熱いので、この手の太陽系外惑星をホットジュピターと呼ぶ。

地上からの観測技術が発達しただけではない。2009年に打ち上げられたNASAのケプラー宇宙望遠鏡による観測も大きな成果を挙げた。

大気の揺らぎにじゃまされない宇宙空間から、口径1・4メートルの反射鏡と高性能センサーを用いて、系外惑星を探す系外惑星ハンターである。

ケプラーは黙々と15万個以上もの恒星を観測し続け、2016年までに2000個を超える惑星を発見している。

このように、観測技術の発達とケプラー宇宙望遠鏡のおかげで、ホットジュピターよりもずっと小さな地球型惑星の発見も相次いでいる。地球型惑星が、主星から適切な位置にあれば、平均気温が15～20℃という、生命に適した環境の惑星もあるだろう。

分光解析が進めば、生命の証拠である、有機体の存在も確かめられるかもしれない。地球以外の生命体の存在が確認されれば、人類の歴史において画期的なことになる。また、太陽系の成り立ちの謎の解明にもつながる。

2027年までには、ハワイ島マウナケア山頂に、口径30メートルの望遠鏡TMTが完成する予定だ。すばる望遠鏡の4倍もの解像度をもつので、スーパーアースを直接観測できるかもしれないと期待されている。ますます宇宙が面白くなりそうだ。

「重力波をとらえた」というニュースにはどういう意味があるのか？

宇宙には、銀河があり太陽系があり惑星がある。しかし、星々の間には真空の空間が続いている。星と星の間の空間には、1立方センチメートル当たり水素原子1個くらいはある。しかし、生命体にとっては絶望的なまでの真空だ。

しかし、その「何もない」空間を伝わるものがある。光だ。光は電磁波のひとつで、その正体は光子とされる。光子には質量はなく、衰えることなく「光の速度」で永遠に宇宙を旅する。不思議なことに光速には制限速度が決まっていて、秒速約30万キロで、宇宙にこれ以上速い速度はない。しかも、光を伝えるのに、なんの媒質も必要ない。光は、何もない空間をただひたすらまっすぐに進む。重力で空間が曲がっていればその曲がりに沿って、ひたすら最短距離を進むのだ。

光などの電磁波のほかに、もうひとつ宇宙空間を伝わるものがある。それが重力波だ。重力波は光子と違って物質ではない。空間の波だ。

少し紛らわしいのは、素粒子物理学で、重力を伝える粒子として重力子（グラビトン）を想定している（まだ発見されてはいない）が重力波はこれとは別の話だ。

いま話題になっている重力波は、アインシュタインが１９１６年に発表した一般相対性理論で提唱した空間のゆがみである。

この理論によると、質量のあるものの周囲は空間がゆがむ。その後、実際に日食時に太陽のすぐそばに見える星の位置が実際の位置とはずれて見えることが観測され、アインシュタインの正しさが証明された。

重力波のイメージ

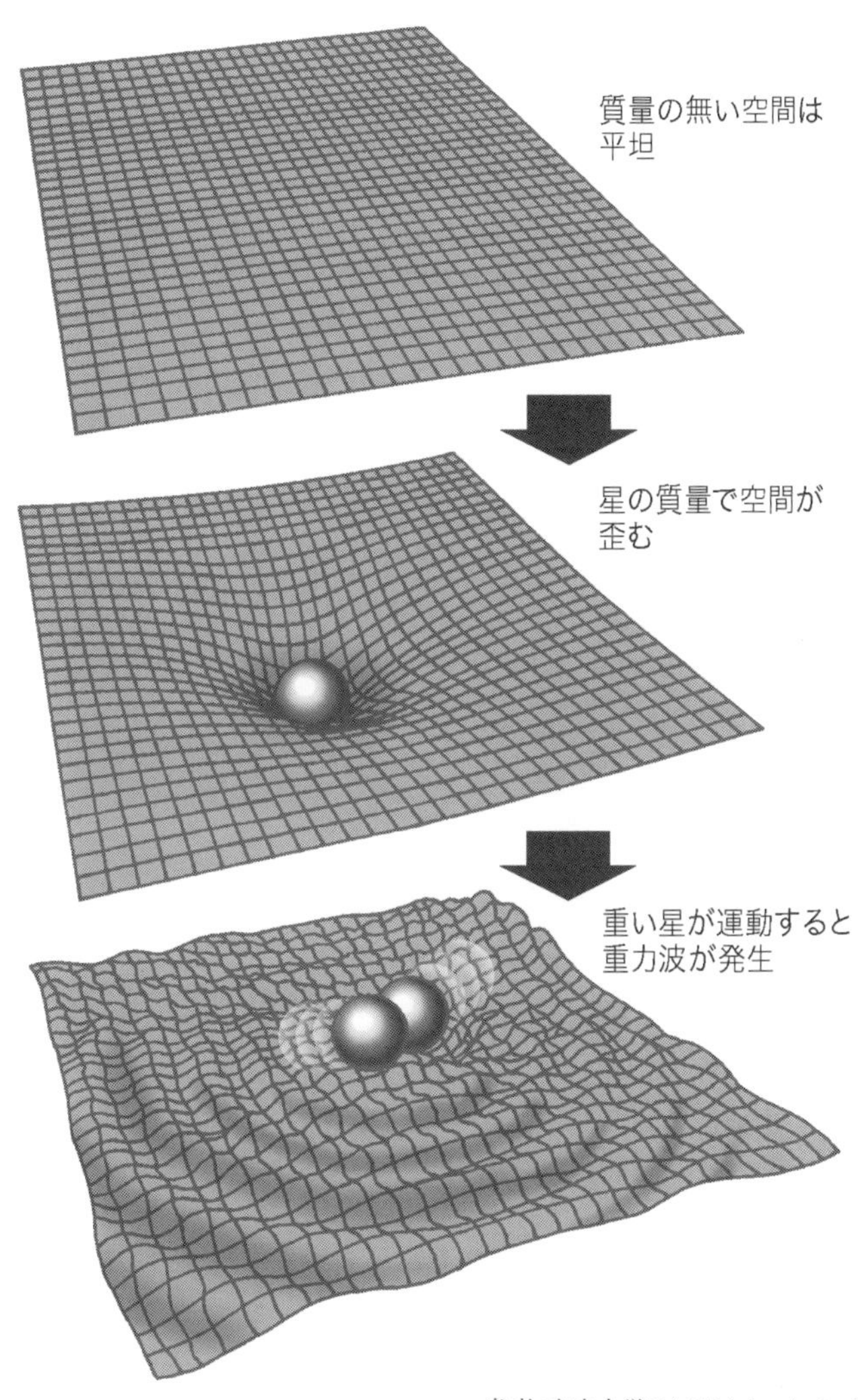

参考:東京大学KAGRAホームページ

重力波とは、質量によってゆがめられた空間のひずみが伝わっていく現象のことである。
２０１６年2月、アメリカの重力波望遠鏡ＬＩＧＯが重力波をとらえたと発表した。源は、13億年前に起こった太陽の29倍と36倍の質量をもつブラックホールの衝突現場だ。このとき大爆発が起こって膨大なエネルギーが放出された。これが、空間のひずみ（伸び縮み）となって波のように空間を伝わってきたのだ。

では、この波をどうやってとらえたのか？　ＬＩＧＯは、ルイジアナ州とワシントン州に2か所の観測所をもっており、そこに1辺4キロメートルのL字型をした超真空の管が設置されている。そこにレーザー光を発射し、半透明ミラーで、レーザー光の進む経路を直交させる。そして、それが管の端っこに置いた鏡に反射して戻ってきた光を観測する。

もしも、重力波が地球に届いていたら、縦方向と横方向は空間のひずみ方が違うから、光が観測用センサーに到達する時間にわずかなズレが生じて、波の性質をもつ光は干渉して縞模様をつくる。光は空間のゆがみに沿って最短距離を進む性質があるため、ゆがみの大きな空間を通ってくる光は、そうでない空間を通ってきた光より遅れる。

こうして、ＬＩＧＯは、初めて重力波をとらえた。

では、この発見にどういう意味があるのか。ひとつは、アインシュタインの一般相対性理論の正しさが改めて裏づけられたこと。

もうひとつは、重力波をとらえることで、宇宙がビッグバンで誕生した、その現場を重力の目で見ることができる可能性が出てきた点だ。

日本でも岐阜県神岡の地下深くに、重力波検出をめざしたＫＡＧＲＡ（大型低温重力波望遠鏡）が設置され観測を行なっている。また、欧州はＬＩＳＡという重力波観測用の人工衛星の運用を計画しており、一部の衛星はすでに打ち上げられている。

アインシュタインが提唱した「時空」とはいったい何であるのか？　重力波の解明は、相対論をさらに一歩先に進めるトリガーとなるかもしれない。

「宇宙は膨張している」というが、地球もほかの星からどんどん離れているのか？

宇宙はビッグバンによって、針の先のような一点から生まれ、直後に急激に膨張し現在も膨張し続けている。

最初の急激な膨張は、宇宙がこの世界にポロリと生まれ出た後、10のマイナス43乗秒に起こっている。これを宇宙のインフレーションという。

続いて、10のマイナス32乗秒後にビッグバンが起こり、宇宙は1兆℃を超える灼熱の地獄となった。10のマイナス6乗秒後には、素粒子ができた。3分たってようやく陽子や中性子ができた。

こうして、宇宙が冷えていくとともに、水素などの元素ができ、宇宙はそのまま膨張を続け、現在に至っている。

宇宙誕生後、10億年経過するまでには、星や銀河が誕生した。その証拠に、いまのところ最遠の天体として地球から134億光年の距離にある銀河が見つかっている。宇宙の年齢が138億歳だから、この銀河は宇宙が4億歳のときの銀河の姿ということになる。

さて、では宇宙は何でできているのだろう。宇宙の最小のユニットが惑星だ。惑星は恒星の周りを回り、恒星は1000億個か2000億個が集まって銀河を形成する。銀河の大きさは、いろいろあるが、我々の天の川銀河の直径が約10万光年である。

銀河はいくつか集まって群れをなす。これを銀河団という。

銀河団がさらにいくつも集まって、超銀河団というものをつくっている。この大きさが1億光年以上。さらにこれらがフィラメント状に集まって、石鹸(せっけん)の泡のような構造になる。泡の表面の膜にあたる部分にたくさんの銀河が並び、泡のなかはほとんど空っぽだ。この空洞をボイドと呼ぶ。全宇宙に、銀河が2兆～7兆個もあるという。といっても、正確な数字はだれにもわからない。この数字は天文学者の推計にすぎない。

というわけで、話を宇宙の膨張に戻そう。宇宙が膨張していることは紛れもない事実だ。1929年にエドウィン・ハッブルが銀河の後退速度を調べ、遠い宇宙ほど速い速度で遠ざかっていることを発見した。

で、この先、宇宙はどうなるのか？　アインシュタインは、一般相対性理論で、重力方程式を考え出したが、宇宙は膨張あるいは収縮するという結論が出た。当時のアインシュタインは、これはおかしいということで、宇宙が静止しているように、左辺に一項をつけ加えた。これが宇宙項と呼ばれるものだ。

この一項によって宇宙は、定常的な静かな宇宙となった。アインシュタインは「宇宙は静止しているものだ」という思い込みがあったのだ。

そこにハッブルが宇宙の膨張を明らかにしたものだから、アインシュタインは「わが人生最大の過ち」と悔しがったという。

では、宇宙はこのまま膨張し続けるのか、それとも、いつかは膨張が停止するのか、はたまた収縮に転じるのか、いろんな説がある。いまのところ、いつまでも「膨張し続ける」という説が有力だ。

膨張し続けるとはどういうことなのか。無限の時間、膨張し続けるのか。そんなことがありえるものか。たいへん不思議なことだが、無限の時間のかなたのことは科学者にもわからない。現在も、宇宙は膨張し続けているが、銀河と銀河の間が離れていくだけで、銀河のなかの星と星の間の距離は離れていない。星どうしの引力のほうが勝るからだ。

しかし、数千億年、さらに1兆年もたつと状況が変わってくる。宇宙論の学者によると、ブラックホールが合体し始め、巨大ブラックホールがいくつもできて、互いに飲み込み合うという。星は姿を消し、星を構成していた原子もばらばらになり、素粒子だけが閑散とした宇宙を飛び回るようになるという。

1兆年後の宇宙には人類はいない。ほかの生命も存在できないだろう。もはや人類の想像を絶する世界になっているのである。

超新星爆発寸前というオリオン座・ベテルギウスに〝その日〟がきたらどうなる？

オリオン座の赤く輝く1等星ベテルギウスに異変が起こっている。寿命の最期を迎える大爆発が近いというのだ。これを超新星爆発という。新星という言葉から、新しい星が生まれると思う人もいるかもしれないが、逆である。超新星爆発は星の死だ。地球から見ると、突然明るく輝く星が現れるので、新しい星が現れたように見えるだけである。

ベテルギウスは、地球から約６４２光年の距離にある、太陽より20倍も大きな超巨星だ。太陽系の中心に置くと、表面が太陽から７・８億キロメートル離れた木星の公転軌道までくるといえば、その大きさがわかるだろう。表面温度は太陽の半分ほどの３５００℃なので、赤く見える。

ベテルギウスは、最近のＮＡＳＡの観測で、表面が、ぶよぶよにふくらんで変形していることがわかっている。星の最期の超新星爆発が間近いのだ。

ところで超新星爆発って何？　それは、星が寿命の最期に重力で自分自身を支えきれなくなって重力崩壊を起こして大爆発することだ。ガスを周囲に吹き飛ばし、中心に小さくて超高密度の中性子星かブラックホールができる。

ただし、質量の小さな星は、爆発は起こさない。太陽くらいの星は、最後は大きく膨らむが、やがてしぼんで、小さくて低い温度の白色矮星（はくしょくわいせい）になる。超新星爆発を起こすのは、太陽の８倍以上の質量をもつ星だ。ベテルギウスの質量は、太陽の20倍もあるので大爆発になるのだ。

１０５４年に、かに座の方向に突然現れ、歌人・藤原定家（ふじわらのていか）の『明月記（めいげつき）』にも伝聞の記録が残っている超新星や、１５７２年に現れ、ティコ・ブラーエが記録を残している超新星は、金星よりも明るく輝いたという。前者は７０００光年、後者は７０００～1万６０００光年の距離であった。

このふたつの星と比べて、ベテルギウスは、６４２光年と地球に近い。超新星爆発を起こすと、さぞ明るく見えることだろう。

ＮＨＫの『コズミックフロント』という番組では、爆発の3時間後には、満月の１００倍の明るさで輝くと紹介していた。夜でも薄明（はくめい）（日没後または日の出前の、天空がうす明るい現象）のような明るさになるというわけだ。

ところで、こんなに明るくなって、人類や地球環境に悪影響はないのだろうか？　問題は光とともにやってくる放射線だ。具体的にはガンマ線である。超新星爆発では、星の自転軸の方向にガンマ線が細いビーム状に放射される。これをガンマ線バーストという。これが、地球に直接当たると、オゾン層が吹き飛ばされるという。そうなると、紫外線や宇宙放射線が地表にまで降り注ぐ。生命の危機である。

しかし、安心してほしい。観測によると、ベテルギウスの自転軸は、地球の方向を向いていないのだそうだ。ガンマ線バーストが起こっても地球には飛んでこない。

では、いったいいつ超新星爆発が起こるかだが、それは予測はできない。１０００年後かもしれないし、明日かもしれない。

量子力学では、物質は「波」とか「確率だ」とかいうがどういうことなのか？

$$\Delta x \Delta p \geqq \frac{h}{4\pi}$$

右の式はハイゼンベルクの不確定性原理の式だ。電子などのミクロの粒子の位置と運動量（簡単にいうと速度）との両方を、ピタッと決めることはできない、ということを表している。一方の不確定さを狭めていくと、他方の値が大きくばらついていく。式は一見難しそうだが、意味を知れば難しくはない。

xは位置を示す記号、pは運動量を示す記号で、その前のΔ（デルタ）は変化量を示す記号だ。このふたつの変化量を乗じたものは、プランク定数（h）を「4×円周率」で割った「定数」よりも大きいということを示している。

つまり、xの不確定さが大きいとpの不確定さが小さくならざるをえず、その逆もありというわけだ。

光（電子）の二重スリット実験

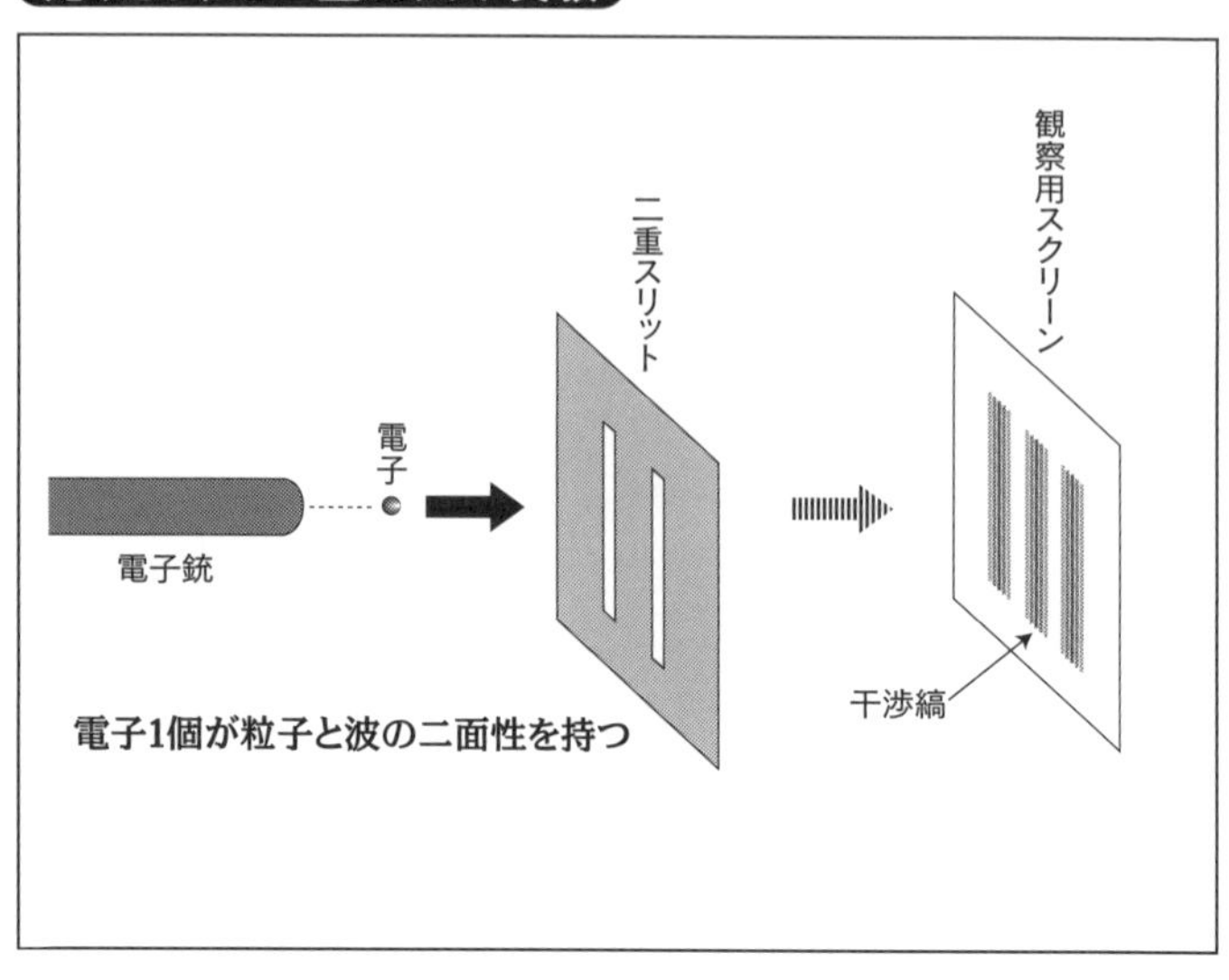

この不確定性原理は、位置と運動量だけでなく、時間とエネルギーの関係にも当てはまる。一方を0にするともう一方は無限大になってしまう。両方の値を同時に知ることは不可能なのだ。

まあ、なんとも不思議な話だが、これがミクロの世界の真実なのである。この極微の世界を扱うのが量子力学という学問だ。なんで力学というかというと、素粒子の世界の、力・運動・エネルギーを扱うからだ。

日常の世界（これをミクロに対してマクロと呼ぶ）では、物体の運動はすべてニュートン力学に基づいて作用している。リンゴが木から落ちるのも、ビリヤードの玉がほかの玉を動かすのも、宇宙ロケットの進路も、天体の動きもみんなニュートン力学だ。ニュートン力学で計算できない運動はない。

しかし、ミクロの世界ではニュートン力学は成り立たない。量子力学の世界を示す代表的な事象が、電子などのミクロの粒子が示す、波と粒子の二重性だ。

光をふたつの隙間（二重スリット）を通してスクリーンに映すと、規則正しく明暗が並んだ縞模様ができる。これは、光の波の性質がもたらしたものだ。

波の山と山、谷と谷がぶつかると波の振幅（振れ具合）が大きくなり、山と谷がぶつかると振幅を弱める。これを光の干渉という。

これが、光子や電子を1個ずつ打ち出しても、何個も二重スリットを通すうちに、スクリーンに干渉縞をつくり出すのだ（右の図）。つまり電子1個に、すでに粒子性と波動性が内包されているということである。1個の粒子なのに、ふたつのスリットの両方を通ったと考えればよい。

これは、いったいどういうことなのか。そう問われても、わからない。自然がそうなっているというだけだ。しかし、この摩訶不思議な現象・理論が、現代の科学技術に大きく貢献している。

代表的なものがトランジスタ（半導体）だ。絶縁体の壁は電子を遮る。だから電気を通さない。しかし、量子力学的な効果によって、壁を通り抜けることがある。これがトンネル効果だ。

電子は粒子ではなく波の性質をもつ。広がった波のどこかに電子があるというイメージだ。だから、何かのはずみで、波の端っこが壁の向こうに飛び出すと電子が壁抜けをする。

このトンネル効果を利用してつくられたものが、江崎ダイオードだ。1957年にソニー（当時は東京通信工業）の江崎玲於奈博士が発明した。この業績で、江崎氏は1973年にノーベル物理学賞を受賞している。

量子力学は、粒子やエネルギーの位置を確率でしか表せない。逆にいえば、違う場所に同時に存在するともいえる。これを重ね合わせ状態という。この重ね合わせを利用して大量の計算を一気にやらせようというのが量子コンピュータだ。現在のコンピュータの数億倍以上の速度で計算できる。

大きなところでは、宇宙の謎解きにも関係している。宇宙が生まれた最初の場所は、何もない真空だ。しかし、何もないといっても、ふつふつとエネルギーが現れたり消えたりしている。量子の世界には完全に0というものがない。リアル世界では0でも、量子の世界では、10のマイナス44秒といったプランク秒（1兆分の1の1兆分の1の10億分の1）の間なら、無からエネルギーが湧き出し、「存在しえる」のだ。

プランク秒より短い時間は存在しないのだから、不確定性原理から、0にはなりえないのである。冒頭に掲げた式は、この世界の真理を表している。

「超ひも理論」を、誰でもわかるように説明すると…

超ひも理論というと、女性に寄生している男を連想させる、なんとも親しみのある科学らしからぬネーミングである。しかし、飛び切り難解だ。英語では、スーパーストリング・セオリー（Super string theory）。そのまま訳すと、超弦（ちょうげん）理論だ。弦はバイオリンなどの弦のこと。弦の振動の違いで根源粒子の種類を表す理論である。

オーケストラのストリングスのように、美しい音楽を連想する「弦」のイメージだ。超ひも理論とは、いったい何なのだろうか？

20世紀半ば以降、粒子加速器（陽子などの荷電粒子を磁場によって光速に近い速度まで加速し、ほかの素粒子と衝突させる装置）の発達とともに、数多くの素粒子が発見され、それまでの陽子と中性子からなる原子核の周りを電子が回っているという原子モデルから、陽子や中性子もさらに基本的なものからできているということがわかってきた。

しかし基本物質は小さすぎて電子顕微鏡でも見ることはできない。そこで、基本物質が何であるかを数学を使って計算しようとしたのであるが、難問に突き当たった。基本物質をこれまでどおり粒子として計算しようとすると、無限大になってしまって計算ができないのだ。

そこで、粒子ではなく振動する弦だと考えればうまく計算できることに気がついた科学者がいた。２００８年にノーベル物理学賞を受賞した南部陽一郎である。

粒子という点だとすると数学的には無限大となってしまうが、有限の長さのあるひもなら、計算ができるというわけだ。しかし、南部の弦理論は、すべての粒子にはあてはまるわけではなかった。力を伝える粒子であるボーズ粒子では計算できるのだが、物質を形作るフェルミ粒子には適用できなかったのだ。

ところが、１９８４年になって、ジョン・シュワルツとマイケル・グリーンによって、超弦理論が提唱された。

フェルミ粒子もボーズ粒子も計算できるので、弦理論を超えた理論ということで、「超」がつけられた。

超ひも理論とは、物質の根源をなすものは、プランクの長さのひもで、ひもの振動の違いによって各基本粒子を表すというものだ。プランクの長さは、1.616229×10^{-35}メートル。0.00…と、小数点以下35桁目にようやく1が出てくる長さだ。

ただ超ひも理論は、10次元という、人間の頭では想像もできないような数学的な世界だ。我々が生きているマクロの世界は、縦横高さの3次元に時間を加えた4次元世界だが、残りの6次元はどこにあるのかというと、小さくコンパクト化されていて見えないのだそうだ。

さらに、これにもう1次元を加えた11次元のM理論というものも登場している。

何だかわけがわからないが、宇宙と物質の根源に迫るという意味では興味深い話だ。しかし、現実の生活には何の関係もない理論である。

これくらい小さな世界になると、実際に観察することができない。すべて、数学の世界である。そういう意味では、実在なのかどうかという哲学的な議論も出てくる。

いったい宇宙って、何なのだろう？　一回りして、そんな疑問に返ってくる。

宇宙に存在する見えない物質「ダークマター」とは何か？

天文学者は人を驚かすのが好きだ。最初の驚きは、16世紀のコペルニクスの地動説だろう。地球が動いているというのは、まさに驚天動地の説だった。

続いて、20世紀初め、アインシュタインが相対性理論で示した時空の概念。重力によって空間がゆがむというのだ。光速は一定なので、光速に近い速度で移動すると、時空のほうが伸び縮みする。相対性理論はまた、宇宙が収縮あるいは膨張する可能性を示した。空間はニュートン以来、絶対的な空間だったのだが、それがゆがむというのは、またまた宇宙観の大きな変革をもたらした。

続いて、1929年、ハッブルによる膨張宇宙の発見。遠くの銀河ほど速い速度で遠ざかっているのを観測によって発見し、宇宙は膨張していることがわかった。

そして、1940年代後半、ジョージ・ガモフが火の玉宇宙論（ビッグバン理論）をとなえた。宇宙の膨張を逆にたどっていくと一点にいきつく。その一点で大爆発が起こり、宇宙は膨張を始めたというのがビッグバン宇宙論だ。

さらに1990年代後半、61億年ほど前から宇宙の膨張速度が加速していることが、超新星の観測から発見された。発見者のサウル・パールムッター教授、ブライアン・シュミット教授、アダム・リース教授には2011年のノーベル物理学賞が贈られた。

このように、宇宙は驚きの連続だった。

宇宙の加速膨張という事実から出てきたのは、何が加速させているかという謎だ。ビッグバンの大爆発の勢いで膨張しているなら、いつかはエネルギーを失って停止し、重力によって引き戻されるはずだ。それなのに、逆に加速膨張とは面妖（めんよう）な話である。

そこで、膨張させているエネルギーとして考えられているのがダークエネルギー（暗黒エネルギー）だ。

「それは何？」という問いに対する答えはない。何もわかっていないのだ。

もうひとつ謎なのは、ダークマター（暗黒物質）だ。宇宙に存在するはずだが、目には見えず観測もできない物質である。

銀河の公転（中心の周りを数千億の星々が何億年もかけて回っている）速度を調べると、中心付近も外縁付近も同じということがわかった。

普通はケプラーの第三法則から、外のほうが遅いはずだ。ところが中心に近いところの天体も5万光年も離れた周辺部の天体も、同じ速さということは、観測されている物質による重力よりももっと強い重力、すなわち質量（物質）がないといけないということになる。銀河全体で、観測されている質量の10倍は、暗黒物質があるらしい。

これも何であるかは、いまのところ不明である。有力候補のひとつが、超対称性粒子ニュートラリーノだが、この正体はまだ全然わかっていない。

いまのところ、宇宙にあるのは、通常の物質は約5パーセント、ダークマターが約27パーセント、ダークエネルギーが約68パーセントという。宇宙は永遠に我々に驚きを与えてくれる存在なのだろうか。

どんなに科学が進歩しても「時間をさかのぼることは絶対にできない」のはなぜか？

タイムマシーン――。ＳＦ映画や小説によく登場する時間旅行ができる機械だ。いつか、このような機械は実現するのだろうか？

２０１１年、ＣＥＲＮ（欧州原子核研究機構）から興味深い話題が提供された。ニュートリノが光よりも速いという観測結果が出たというのだ。

スイスのジュネーブ近郊にあるＣＥＲＮの実験施設から約７３０キロメートル離れたイタリアのグラン・サッソ国立物理学研究所の実験施設に向けてニュートリノを発射したところ、ニュートリノが光よりも60・７ナノ秒ほど速く到着したというのである。

ニュートリノは質量がほとんどないので、光速と同じ速度か、わずかな質量のため観測限界を超えるくらいわずかに遅いはず。

もし、ニュートリノが光速より速いことが事実だとしたら、タイムマシーンができるのではないかと騒がれた。

残念ながら、これだけではタイムマシーンはつくれない。ただ、ニュートリノに情報をのせることができれば、競馬の着順を、電波を利用した放送よりも先に伝えることができるだろうが、60ナノ秒程度速くても実際には利用できないだろう。

ただ、ナノ秒レベルで取引している株の超高速取引には使えるかもしれないが……。

いずれにしろ、因果律（いんがりつ）が変わってしまうから、実際にはありえない話だ。因果律とは、原因があって結果があるという事象の流れだ。

水は高いところから低いところに流れ、熱は平衡に向かうように自然はできている。水が下流から上流に向かって流れたり、滝が滝つぼから竜のように登るということはありえない。

というわけで、ニュートリノが光速を超えているという観測結果は、機器の不具合が原因だったという結論となって一件落着した。

ところが、時間が過去に向かって流れているといえるかもしれない場所はある。

それは、プランクの長さ1.616229×10^{-35}メートルスケールの世界だ。このスケールの世界には、プランク長と光速から求められるプランク時間というものがある。5.39116×10^{-44}秒だ。この時間より短い時間はない。少なくとも現代の物理学では知ることはできない。

前にも書いたが、この短い時間以下なら、エネルギーは、現れたり消えたりできる。現れるときをこちらの世界に向かうからプラスの時間、向こうの世界へいくときをマイナスの時間と考えれば、逆行する時間はありえる。

とはいっても、我々マクロの世界の住人にとって、時間は未来へ向かって流れるもの。ミクロの世界はどうであれ、マクロの世界の物体が時間を超えて移動することは不可能である。

あと50億年！太陽の寿命が尽きると人類はどうなる？

万物に寿命があるように、太陽にも寿命がある。太陽が生まれたのは、いまから46億年以上前だ。太陽ほどの大きさの恒星の寿命は１００億年くらいだから、あと50億年ほどある。我々の人生に比べれば無限といってもいいくらいだが、やはり太陽にも寿命の限界がある。

何が限界かというと、太陽のもつエネルギーだ。熱と光を送ってくれる源は、内部で行なわれている水素の核融合だ。核融合とは、水素原子どうしが融合し、ヘリウムに変わることをいう。このとき、物質にならずにエネルギーとして放出されるものがある。これが、光や放射線である。

太陽のなかにある水素の量は膨大だから、当分の間は、水素の核融合の時代が続く。しかし、

78億歳くらいになると、ヘリウムが増え、今度はヘリウムが核融合を起こす。そのあとは、短時間でより重い元素への核融合が進み核融合が停止する。

この頃の太陽は、赤色巨星となり、地球の軌道に迫るまでの大きさになる。その後、重力で自らを支えきれなくなった太陽はガスを宇宙空間にまき散らす。太陽くらいの質量では、超新星爆発のような大きな爆発は起こらない。この後、中心には白色矮星という、温度の低い小さな星が残る。それは、さらにゆっくり冷えて、小さな暗い星となって永遠に宇宙を漂うこととなる。

ならば、太陽が膨張を始める20億年後くらいまでは、地球は安泰かというとそんなことはない。太陽の明るさは、1億年に1パーセントずつ明るくなっているという説がある。地球に当たる熱も1パーセント増えるということだ。だから、二酸化炭素による地球温暖化どころではなく暑くなっていく。

この説でいけば、10億年で10パーセントも地球の受ける熱量が増える。そうなれば地球上には生物は住めないだろう。

仮に、人類が生きていくのに適した環境があと数億年程度は維持できたとしても、一方で、種の寿命というものがある。下等生物はともかく、高等生物の種としての寿命はそう長くはない。恐竜の時代は約2億年続いたが、ひとつの種では1億年ももたないだろう。

人類の種としての寿命はどれくらいなのだろうか。正確にはわからないが、いろいろ資料を見ていると、600万年くらいという説が多い。

いや、もっと短いのではないか、と個人的には思う。人類が文明らしきものをもってから数万年だ。この間の文明の進歩を見ると、数万年先の未来にはまだなんとか人類はいるような気もするが、100万年後には、いないのではないか。根拠はないが……。

種としての寿命が尽きる前に、破壊兵器や人工ウイルスや、おかしな社会システムをつくるなど、「自業自得」で滅んでしまっている可能性も高い。

私たち人類が宇宙人と出会える確率はどれくらいか？

宇宙に知的生命体はいるのだろうか？　だれもが一度はもったことがある疑問だ。

結論からいうと、「いない」とはいえないが、「いる」ともいえないというところだ。しかし、たぶんいるだろう。それは、地球と同じような惑星が太陽系の近く、数百光年、数千光年あたりに、続々と見つかっているのを見てもわかる。

スーパーアースでは少し大きすぎるが、最近は、地球くらいの大きさの惑星もいくつか発見されている。

そのひとつが、ケプラー452bと呼ばれる惑星だ。NASAのケプラー宇宙望遠鏡が発見したもので、約1400光年先にあり、地球の1・6倍の大きさだという。

ケプラー宇宙望遠鏡が発見した惑星数は2016年の時点で2000個以上、そのうち、500個あまりが地球型の惑星とされている。さらにそのうち9個は、生命に適した環境にあると考えられている。

生命に適した位置をハビタブルゾーンという。中心星の大きさと、中心星からの距離が、太陽・地球くらいの位置関係であれば、気温は生命に適する環境となる。また、岩石でできた地表面があること、酸素や水があることも重要な要素だ。

現在見つかっている地球型惑星の大気中に酸素があるかどうか、水があるかどうかはまだよくわかっていない。

しかし、地球に似た惑星が発見されてきたことの意義は大きい。知的生命体はともかく、原始的な生命が存在する可能性は十分にあるからだ。地球周辺数千光年でこうなら、宇宙は一様なはずなので、宇宙全体のどこでもこんな状態だろうと考えられる。

ただし、知的生命体がいるかどうかは別の話だ。そもそも、我々人類だって、なぜ知性をもったのかはまったくわかっていない。

仮に、数千光年先の地球型惑星に人類と同じくらい知性を発達させた生命体がいるとしても、出会える可能性は極めて低い。

宇宙には、光の速度という〝制限速度〟がある。これ以上速く宇宙船を飛ばすことができない。質量ある物質は高速に近づくと質量が増加し、光速に達すると無限大になる。つまり光速では飛行できないということだ。

また、光速に近づくだけで、質量が指数的に増大するので、加速するには膨大な燃料が必要になる。だから亜光速でも実現は無理だろう。

さらに、文明の持続年数の制約もある。恒星の寿命が100億年としても、100億年続く文明はないだろう。文明の持続時間は、もっともっと短い。

つまり、数千光年も離れると、ふたつの知的生命体が出会う機会はほとんどゼロということである。

夢はないが、これが現実だ。仮にあるとしたら、SFに登場するようなワープ航法が発明されたときだが、現代の物理学では、実現不可能な技術である。あと1000年くらいたてばできているかもしれないが、残念ながら確かめようがない。

50億年後に、銀河系とアンドロメダ銀河は衝突するのか？

太陽の寿命は、あと50億年。しかし、それよりも前に、太陽から放射される熱量が増大するから、地球に生命が存在できるのは50億年より短い。

ところで、太陽が寿命を迎える前、いまから40億年後には、アンドロメダ銀河が我々の銀河系と衝突すると予想されている。アンドロメダ銀河と銀河系は、その周辺にある20〜30個ほどの銀河と局所銀河群という群れをつくっている。群れの大きさは、直径約５００万光年ほどだ。

この銀河群では、大きな銀河として、銀河系、アンドロメダ銀河Ｍ31、さんかく座銀河Ｍ33があり、それぞれの周辺に小さな随伴銀河がくっついている。銀河系には、すぐ近くに大マゼラン雲、小マゼラン雲がついているし、アンドロメダ銀河にもＭ32とＭ１１０という小銀河が随伴している。

宇宙全体は膨張していても、局所銀河系の銀河は重力の作用が大きく働き、銀河どうしが重力の相互作用でむすびついている。しかし、局所銀河群にある銀河の移動方向を調べてみると、アンドロメダ銀河と天の川銀河は引き合っており、約40億年後には衝突する運命にある。

アンドロメダ銀河は地球から230万光年の位置にあり、直径は天の川銀河の2倍の20万光年。大きくて美しい渦巻銀河である。銀河系も以前はアンドロメダ銀河と同じ渦巻銀河だと考えられていたが、いまは中心部に棒状の部分をもつ棒渦巻銀河だということがわかっている。

このふたつの巨大な銀河が衝突すると、いったいどうなるのだろうか。

恒星どうしがぶつかって太陽も消滅するのではないかと心配になる。しかし、星と星の間には、きわめて広い空間が広がっているので、星と星が衝突することはまずないという。しかし、衝突の勢いで、太陽系は、銀河系のはずれのほうまで飛ばされてしまうという説もある。そうなっても、太陽系は、そのままでまとまっているそうだ。

しかし、合体すると銀河の中心部にあるブラックホールはどうなるのだろうか。場合によっては両銀河のブラックホールが合体して巨大ブラックホールになったり、大きいほうのアンドロメダ銀河のブラックホールに、銀河系のブラックホールが飲み込まれることもあるだろう。

実際、どうなるかは、まだよくわかっていない。しかし、銀河どうしの衝突はそう珍しい現象ではなく、宇宙には衝突銀河がいくつも発見されている。宇宙ではありふれたことなのである。40億年後は、太陽の寿命が残り10億年となり、おそらく赤色巨星になりつつあるところだろう。人類はもういない。それどころか、地球自体、生命が存在できる場所ではなくなっているだろう。心配する意味がないということだ。

100億光年以上もかなたの天体を見つける本当の目的とは？

「最も遠い銀河を発見！」――。こういったニュースが、しばしば世界の天文学者からもたらされる。現在（2016年）見つかっている最も遠い銀河は、ハッブル宇宙望遠鏡が発見したGN-z11と呼ばれる134億年前の光を放つ銀河だ。それまで、発見されていた最遠の銀河は、132億年前のものであったから、さらに2億年さかのぼったことになる。

GN-z11の大きさは、我々の銀河系の25分の1くらいで、質量は1パーセントにすぎないが、銀河系の約20倍の速度で星を誕生させているという。だから、小さいにもかかわらず明るく輝き、地球から発見することができたのだ。

このところ、最遠の天体を発見すべく世界の天文学者が努力している。なぜだろうか？

それは、初期宇宙のことを調べることで、宇宙と星の誕生の秘密に迫ることができるからだ。

134億年前の光ということは、宇宙の年齢が138億年だから、宇宙が4億歳のときの姿を見ていることになる。遠くの天体を調べれば調べるほど、誕生間際の宇宙の姿に迫れるというわけだ。これは、宇宙の誕生の秘密に迫れるだけでなく、我々の宇宙に、星や銀河がいつどのようにして誕生したかを調べる手がかりになる。

ＮＡＳＡの研究者は、GN-z11を調べて、宇宙ができてから2億年から3億年程度で、すでに猛烈な勢いで星がつくられており、しかも、あっというまに、現在のような膨大な星でできた銀河に成長したことに驚いている。

この１３４億年前の光を投げかけている銀河であるが、宇宙全体が膨張しているため、実際の距離は、地球から３００億光年以上のところにあるはずだ。地球からの後退速度が光速を超えると、地球から観測できない。我々と何の因果関係もない宇宙のかなたに、まだまだ銀河が存在すると考えると、宇宙の壮大さに目がくらむ思いがする。

究極の単位といわれる「プランク定数」とはいったい何か？

自然界には物理定数といわれるものがある。なぜかはわからないが、そうなっていて変えようがない数値のことだ。

たとえば、光速ｃは、物理定数のひとつだ。アインシュタインが示したとおり、真空中の光速は一定不変だ。光速が不変だから、空間と時間が伸び縮みする。

万有引力定数Gも物理定数だ。物体の重力がお互いに影響を及ぼし合うときの定数だ。このふたつは、マクロの世界（大きな世界）の定数だが、量子スケールのミクロの世界の定数がプランク定数hだ。１９００年にドイツの物理学者マックス・プランクによって見いだされた。

その値は、$6.62606957 \times 10^{-34}$ジュール・秒。プランク定数、光速、万有引力定数からプランク時間が求められる。プランク時間は、5.39116×10^{-44}秒、プランク時間の間に、真空中を光が進む距離がプランク長で、1.616229×10^{-35}メートル。

10のマイナス44乗とか35乗というのは、小数点以下44桁目（35桁目）にようやく0以外の数字が出てくるものだ。ものすごく小さいということがわかるだろう。

そして、プランク時間より短い時間やプランク長より小さなものは存在しない。仮に存在したとしても、現在の物理学では知ることができない。不確定性原理により、我々の世界の法則が適用できないのだ。

我々にとって身近なこの世界も、細かく刻んでいくと、最後は、塵（ちり）にもならないような、あるかないかわからない世界になるということだ。

時間もない、空間もない。ただ重力だけはあるようで、別の宇宙との間で何らかのエネルギーが行き来しているようなイメージだろうか。

しかし、この面妖な世界をこのままにしておいてはいけない。科学的な理解が必要だ。もはやここまでくると科学の領域であると同時に哲学の領域でもある。物質、重力、時間、宇宙、そして生命、いったいこれらの根源は何なのだろうか?

なんとか、その未知の世界を垣間見せてくれたのがプランク定数だろう。聡明な科学者の皆さんが、この世界の謎解きをしてくれるよう期待したいものだ。

あとがき

本書をお読みいただき、ありがとうございました。科学は、思っていたほど難しいものではなく、楽しくて面白い、未来に夢をもてるものだということが、少しはわかっていただけたのではないだろうか。

科学のニュースに接したとき、たぶん、これまでよりは、科学に対する理解力が深まっていることに気づくはずだ。

物事には何でも「センス」が必要だ。センスというのは、物事の核心を見抜く力だ。たとえ素人なりにでも、「理系のセンス」が身についてくれば、人との会話の幅が広がる。これまで理系の人の話が理屈っぽくて苦手だった人でも、会話の輪のなかにすっと入っていくことができるだろう。

ともかく、現代社会は科学技術によって動いている。経済も政治も外交も、科学技術抜きには語れない。こういう時代こそ「理系のセンス」が求められているのだ。

本書で科学への興味のとっかかりをつかめたら、ぜひ、ワンランク上の専門書を読んで、理系の知識を確実なものにしていただきたい。

白鳥　敬

一流の人ほど
理系の雑談
が上手い!

2017年2月7日　初版発行

著　者　白鳥 敬(しらとり・けい)

DTP　アルファヴィル

発行者　宮田一登志
発行所　株式会社新紀元社
〒101-0054 東京都千代田区神田錦町1-7
錦町一丁目ビル2F
TEL:03-3219-0921
FAX:03-3219-0922
http://www.shinkigensha.co.jp/
郵便振替 00110-4-27618

印刷・製本　中央精版印刷株式会社

ISBN 978-4-7753-1481-4